AF797153

MATEMÁTICA FINANCIERA APLICADA

Fundamentos, fórmulas y decisiones financieras en el mundo actual

ROBERTO MARTÍNEZ CASTRO

BOGOTÁ D.C. AGOSTO 2025

Reservados todos los derechos. No se permite la reproducción total o parcial de esta obra, ni su incorporación a un sistema informático, ni su transmisión en cualquier forma o por cualquier medio (electrónico, mecánico, fotocopia, grabación u otros) sin autorización previa y por escrito de los titulares del copyright. La infracción de dichos derechos puede constituir un delito contra la propiedad intelectual.

Título original:
MATEMÁTICA FINANCIERA APLICADA: Fundamentos, fórmulas y decisiones financieras en el mundo actual

© ROBERTO MARTÍNEZ CASTRO

ISBN: 978-1-967040-47-6

1ª edición: 2025

Diseño y composición: Stilo Media
Impreso por Stilo Media
stilo.media

Impreso en Colombia – Printed in Colombia

A Claudia Patricia Sosa Morales,
esposa y compañera inquebrantable de mis sueños,
cuyo amor y apoyo han sido el motor silencioso
que me impulsa a nunca rendirme.

A mis hijos, Juan Sebastián y Sara Sofía Martínez Sosa,
razones vivas de mi perseverancia,
fuente de inspiración y esperanza,
quienes me recuerdan cada día
que el verdadero valor de cualquier logro
se mide en el legado que dejamos.

Este libro es para ustedes,
con todo mi amor, gratitud y fe en el futuro.

PRÓLOGO

En un mundo marcado por la toma constante de decisiones económicas, la matemática financiera se ha convertido en una herramienta esencial tanto en el ámbito personal como profesional. No se trata únicamente de números o fórmulas, sino de entender cómo el dinero se comporta en el tiempo y cómo ese conocimiento puede ayudarnos a tomar decisiones más informadas, sostenibles y rentables.

Justificación del libro

Este libro nace con una misión clara: ofrecer una guía completa, actualizada y aplicada para estudiantes universitarios, docentes y profesionales que desean dominar los fundamentos financieros con claridad y utilidad práctica. Matemática Financiera Aplicada no es solo un compendio de fórmulas, sino un puente entre la teoría matemática y la vida real, entre el aula y el mundo laboral.

Importancia en el contexto actual

La creciente necesidad de evaluar inversiones, comparar alternativas de financiamiento, calcular cuotas y planificar pagos en un entorno económico cambiante y digitalizado hace que comprender los principios financieros sea más necesario que nunca. En cada capítulo, encontrarás fundamentos teóricos acompañados de ejemplos y herramientas digitales (Excel, calculadoras financieras, software especializados), con los que construirás una base sólida y funcional.

Aplicaciones profesionales y personales

La matemática financiera forma parte de la vida cotidiana:

Al contratar un crédito o hipoteca
Al diseñar un plan de ahorro o jubilación
Al evaluar la rentabilidad de un negocio o inversión
Al emprender proyectos que requieren análisis financiero

Este libro está pensado para ser un recurso accesible, riguroso y adaptado a situaciones reales, para quienes deseen fortalecer sus competencias financieras y proyectar sus decisiones con visión y seguridad. Que sea, entonces, una herramienta para pensar con lógica, actuar con estrategia y proyectar con visión.

Bienvenidos a un viaje donde los números cuentan historias y donde cada decisión se convierte en una oportunidad.

INTRODUCCIÓN

En un mundo donde las decisiones económicas se entrelazan con los datos, las proyecciones y el análisis riguroso, el dominio de la matemática financiera ya no es una opción: es una necesidad. Tanto para quien gestiona un emprendimiento, toma decisiones en el sector público o privado, como para estudiantes de economía, administración o ingeniería, comprender cómo se comporta el dinero en el tiempo es clave para planificar con inteligencia.

Este e-book ha sido diseñado con un enfoque aplicado, claro y técnico, integrando herramientas matemáticas con situaciones reales del entorno financiero. A lo largo de sus capítulos, se desarrollan los fundamentos esenciales de temas como interés simple y compuesto, anualidades, amortizaciones, bonos, series variables y análisis de inversiones, incorporando además modelos modernos con herramientas digitales como Excel y calculadoras financieras.

Lo que diferencia esta obra es su orientación práctica: cada concepto está acompañado de ejercicios resueltos paso a paso y actividades que facilitan su implementación inmediata en el aula o en el mundo laboral.

Al finalizar este recorrido, el lector no sólo comprenderá la teoría, sino que también será capaz de:

- Modelar escenarios de inversión y financiamiento
- Comparar opciones de crédito y ahorro
- Diseñar tablas de amortización profesional

- Evaluar proyectos desde una perspectiva financiera sólida
- Aplicar fórmulas complejas con herramientas digitales

Este libro no sólo enseña cómo se calcula el valor del dinero en el tiempo, sino también cómo usar ese conocimiento para tomar mejores decisiones. Con un lenguaje accesible y rigurosidad académica, **"Matemática Financiera Aplicada"** se convierte en un manual indispensable para estudiantes, docentes, investigadores y profesionales que buscan una comprensión moderna y funcional de las finanzas.

Prepárate para transformar los números en decisiones inteligentes.

SUMARIO

CAPÍTULO 11

CAPÍTULO 1

FUNDAMENTOS DE MATEMÁTICA FINANCIERA

1.1. ¿QUÉ ES LA MATEMÁTICA FINANCIERA?

La matemática financiera es una disciplina que aplica métodos matemáticos para analizar y resolver problemas relacionados con el valor del dinero en el tiempo, permitiendo tomar decisiones económicas acertadas en contextos de inversión, financiamiento, ahorro y consumo.

Se basa en principios que ayudan a cuantificar operaciones financieras como préstamos, créditos, rentas, amortizaciones e inversiones, considerando factores como el interés, el plazo, la frecuencia de pagos y las tasas aplicadas.

1.1.1. Objetivo principal

La matemática financiera busca determinar con precisión cuánto vale hoy una suma que recibiré mañana o cuánto debo invertir hoy para obtener una cantidad futura deseada, en función de una tasa de interés específica.

1.1.2. Importancia práctica

Esta disciplina es fundamental tanto para empresas como para personas porque permite:

- Evaluar la rentabilidad de proyectos.
- Calcular cuotas de préstamos e hipotecas.
- Planificar ahorros, inversiones y jubilaciones.
- Comparar alternativas financieras de forma racional y objetiva.

1.1.3. Elementos clave en matemática financiera

Capital (C): dinero inicial que se presta, invierte o ahorra.

Interés (I): costo o ganancia por el uso del capital durante un periodo.

Tasa de interés (i): porcentaje que indica cuánto se gana o paga sobre el capital.

Plazo (n): duración de la operación.

Valor presente (VP) y valor futuro (VF): equivalencias del dinero en distintos momentos del tiempo.

Ejemplo

Si inviertes $1,000 a una tasa de interés del 10 % anual durante 1 año:

$$VF = C(1+i) = 1.000 * (1+0.10) = 1.100$$

Esto muestra cómo el dinero genera valor con el tiempo, y cómo puedes anticipar tus decisiones financieras.

1.2. EL VALOR DEL DINERO EN EL TIEMPO

1.2.1. ¿Qué significa "el valor del dinero en el tiempo"?

El valor del dinero en el tiempo (VDT) es el principio fundamental de la matemática financiera. Establece que una suma de dinero hoy no tiene el mismo valor que esa misma suma en el futuro, debido a factores como la inflación, el costo de oportunidad y el riesgo.

En otras palabras, $1.000 hoy valen más que $1.000 dentro de un año, porque hoy ese dinero puede invertirse, generar intereses o utilizarse en una oportunidad valiosa.

1.2.2. ¿Por qué es importante?

Comprender este principio permite:

- Evaluar correctamente préstamos, inversiones y ahorros
- Comparar flujos de caja en distintos momentos
- Estimar rendimientos o pérdidas reales
- Tomar decisiones económicas informadas

1.2.3. Factores que afectan el valor del dinero en el tiempo

Factor	Efecto financiero
Interés	Incrementa el valor del dinero con el tiempo
Inflación	Reduce el poder adquisitivo futuro
Plazo	A mayor plazo, mayor impacto del interés o inflación
Riesgo y rentabilidad	Modifican la preferencia por dinero inmediato o futuro

1.3. TASA DE INTERÉS Y SUS TIPOS

1.3.1. ¿Qué es la tasa de interés?

La tasa de interés es el porcentaje que se aplica al capital para calcular cuánto se gana (interés) en una inversión, o cuánto se paga por el uso del dinero prestado durante un periodo determinado. Es el precio que se paga por el uso del dinero que se toma en préstamo durante un período determinado de tiempo.

La tasa de interés puede ser comercial (bancaria) o real. La tasa comercial implica que el mes tiene 30 días y el año 360; y la tasa real implica que el mes es calendario y el año tiene 365 días. Es un concepto central en la matemática financiera, ya que determina la rentabilidad de una inversión o el costo de un financiamiento.

1.3.2. Clasificación de las tasas de interés

Tipo de tasa	Descripción
Tasa nominal (TN)	No incluye el efecto de la capitalización. Se expresa por año o meses.
Tasa efectiva (TE)	No incluye el efecto de la capitalización. Se expresa por año o meses.
Tasa periódica (TP)	Corresponde al periodo específico de aplicación: semestral, trimestral, bimestral o mensual).
Tasa real	Ajustada por inflación. Refleja el poder adquisitivo.
Tasa de interés simple	No se acumulan intereses sobre los intereses ganados.
Tasa de interés compuesta	Se capitalizan los intereses ganados en cada periodo.

CAPÍTULO 2

INTERÉS SIMPLE

Es la tasa de interés aplicada sobre capital únicamente, en un período de tiempo. En este tipo de interés, el capital permanece invariable durante el tiempo que dura el préstamo porque no hay reinversión de intereses.

En el interés simple la tasa se liquida sobre el capital, el cual no cambia a pasar de que la liquidación se haga para varios períodos, pues se supone que el interés que genera una inversión, la utilidad del período, se retira cada vez que se ocasiona y no genera ninguna utilidad, por lo menos en la misma operación.

2.1. FÓRMULAS BÁSICAS DE INTERÉS SIMPLE

Concepto	Fórmula	Descripción
Interés (*I*)	$I = VA \cdot i \cdot n$	Monto ganado o pagado por el capital
Monto o valor futuro (*VF*)	$VF = VA + I$ $VF = VA \cdot (1 + i \cdot n)$	Suma total al final del periodo
Capital o valor presente (*VA*)	$VA = VF / (1 + i \cdot n)$	Valor presente o inicial
Tasa de interés (*i*)	$i = I / (VA \cdot n)$ $i = ((VF/VA) - 1) / n)$	Tasa por periodo
Número de periodos (*n*)	$n = I / (VA \cdot i)$ $n = ((VF/VA) - 1) / i)$	Duración en periodos de interés

Notación común

I : interés

VA : capital o valor actual

i : tasa de interés por periodo (en decimal)

n : número de periodos

VF : monto final o valor futuro

La tasa debe coincidir con el periodo: si i es mensual, n debe estar en meses.

2.2. CÁLCULO DE MONTO, CAPITAL, TIEMPO Y TASA

Ejemplo 1: Un préstamo de 12’000.000 a una tasa de interés simple del 4% mensual, durante 12 meses. ¿Cuál es el valor futuro?

Paso 1: Se aplica la fórmula de valor futuro (VF o F) del interés simple.

$$VF = VA\,(1 + i \cdot n)$$

Donde

VF = Valor futuro

VA = Valor presente

i = Tasa de interés

n = Tiempo

Paso 2: Se identifican los valores del problema

VA = 12’000.000

i = 0,04 mensual

n = 12 meses

VF = ?

Paso 3: Se sustituyen los valores en la fórmula.

VF = VA(1+ i · n)

VF = 12’000.000 (1+0,04 x 12)

VF = 12’000.000 (1,04 x 12)

VF = 17’760.000

Respuesta: El valor futuro de la operación es de $17.760.000

NOTA: La tasa de interés, para efectos de aplicación en las fórmulas, se usa en forma decimal (4% = 4/100 = 0,04).

Ejemplo 2: ¿Cuánto se paga de interés por un préstamo de $100, a una tasa del 5% de interés simple mensual, durante un año?

Paso 1: Se aplica la fórmula para hallar el interés, conociendo el valor presente, la tasa de interés y el tiempo.

$$I = VA \cdot i \cdot n$$

Paso 2: Se identifican los valores del problema.
VA = \$100; i = 5% mensual; n = 12 meses.

Paso 3: Se sustituyen los valores en la fórmula.
$I = 100 \cdot 0{,}05 \cdot 12$
$I = 60$
Respuesta: El total de intereses pagado es \$60

NOTA: Despejando la fórmula anterior se puede hallar la tasa de interés, el valor presente y el número de períodos.

Ejemplo 3: ¿Cuánto se prestó, si después de un año se pagaron \$60 de intereses y la tasa de interés simple era del 5% mensual?
$i = 0{,}05$ mensual
$n = 12$ meses
$I = 60$
$VA = ?$

Paso 1: Se aplica la fórmula para hallar el interés simple

$$I = VA \cdot i \cdot n$$

VA = I
/ i * n *(Despejando VA)*

Paso 2: Se sustituyen los valores en la fórmula
VA = 60 / 0,05 x 12
VA = 100.

Ejemplo 4: Qué tasa de interés mensual se reconoció por un préstamo de \$100, si después de un año se recibieron por intereses \$60?

Paso 1: Se aplica la fórmula para hallar la tasa de interés simple, conociendo el valor presente, el tiempo y el interés generado.

$$i = I \,/\, VA \cdot n$$

Paso 2: Se sustituyen los valores en la fórmula.

$$i = I \,/\, VA \cdot n$$

i = 60 / 100 x 12
i = 60 / 1.200
i = 0,05
i = 5%
Respuesta: Se reconoció una tasa de interés del 5% de interés simple mensual.

Ejercicio 1: – Cálculo de interés simple
¿Cuál es el interés generado por un capital de \$2.000 durante 6 meses a una tasa del 5 % anual simple?

Nota: Se convierte la tasa anual a semestral:
i = 5% / 2 = 2,5% (Tasa semestral)
Respuesta: El interés generado es de \$50

Ejercicio 2: Interés simple

Un comerciante invierte $4.000 durante 9 meses a una tasa de interés simple anual del 6 %. ¿Cuánto gana al final del periodo? ¿Cuánto recibe en total?

Respuesta 1: El Interés ganado fue $180

Respuesta 2: El monto total recibido fue $4.180

Ejercicio propuesto 3: Interés simple

¿Cuál será la tasa de interés aplicada al prestar $1.000 hoy, para cancelar $1.200 al final de 1 año?

Respuesta: 20%

Ejercicio propuesto 4: Interés simple

¿Qué cantidad de dinero se poseerá después de prestar $1.000 al 30% de interés simple anual durante dos años?

Respuesta: $1.600

CAPÍTULO 3

INTERÉS COMPUESTO

Es aquel interés que genera interés sobre los ya generados, es decir, cuando el interés gana intereses. La diferencia con el interés simple radica, fundamentalmente, en que en el interés simple los intereses se retiran y no entran a formar parte del mismo negocio, mientras en el interés compuesto, el interés se acumula y genera utilidades; en otras palabras, el interés se capitaliza.

3.1. FÓRMULAS BÁSICAS DE INTERÉS COMPUESTO

Concepto	Fórmula	Descripción
Valor futuro (VF o M)	$VF = VA \cdot (1+i)^n$	Monto acumulado al final del periodo
Valor actual (VA o C)	$VA = \frac{VF}{(1+i)^n}$	Capital presente necesario para alcanzar un monto
Tasa de interés (i)	$i = \left(\frac{VF}{VA}\right)^{1/n} - 1$	Tasa por periodo de capitalización
Número de periodos (n)	$n = \frac{\log(VF/VA)}{\log(1+i)}$	Tiempo requerido para alcanzar un monto

Notación

VF: Valor Futuro (monto final)

VA: Valor Actual (capital inicial)

i: Tasa de interés por periodo (en decimal)

n: Número de periodos

log: Logaritmo (base 10 o natural, según calculadora)

Ejemplo 1: Un ahorrador consigna $100 en una cuenta de ahorros en un banco que paga el 20% de interés anual con liquidaciones trimestrales. El dinero consignado lo mantiene durante un año. Cuánto podrá retirar al cancelar la cuenta?.

La tasa anual que ofrece el banco se debe convertir a trimestral (tasa efectiva de período)[1] para efectos de la liquidación según la condición dada.

i = 0,20 / 4 = 0,05 efectiva trimestral.

Nota: La tasa del 20% (0,20) se divide entre 4 porque el año tiene 4 trimestres)

La siguiente tabla muestra las liquidaciones de cada período con la acumulación de los intereses, tabla 1.

---

[1] El tema de las conversiones se desarrollará más adelante. Ver página 46

Tabla 1

TRIMESTRE	VALOR PRESENTE	INTERÉS DEL TRIMESTRE	VALOR FUTURO
1	100	100 * 0,05 = 5,00	105,00
2	105	105 * 0,05 = 5,25	110,25
3	110,25	110,25 * 0,05 = 5,51	115,76
4	115,76	115,76 * 0,05 = 5,78	121.55

En una línea de tiempo, el comportamiento de la cuenta de ahorros se observa de la siguiente manera:

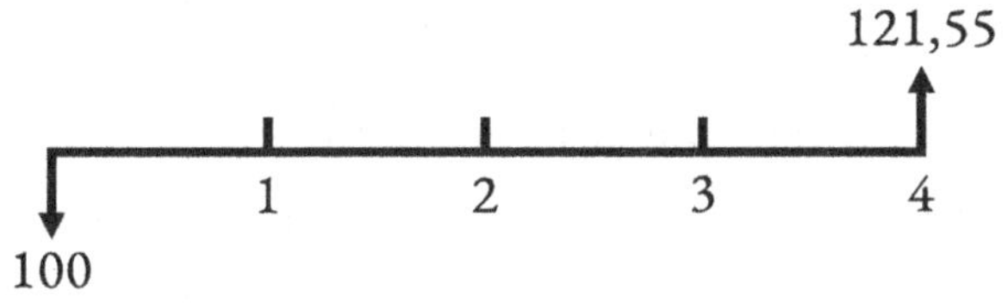

La siguiente tabla muestra en fórmulas las liquidaciones de cada período con la acumulación de los intereses, tabla 2:

Tabla 2

TRIMESTRE	VALOR PRESENTE	INTERÉS DEL TRIMESTRE	VALOR FUTURO
1	VA	$I = (VA * i)$	$VF = VA\,(1 + i)$
2	$VA\,(1 + i)$	$I = VA\,(1+i)\,(1+i)$ $I = VA\,(1+i)^2$	$VF = VA\,(1+i)^2$

continuación

continuación

TRIMESTRE	VALOR PRESENTE	INTERÉS DEL TRIMESTRE	VALOR FUTURO
3	$VA\,(1+i)^2$	$I = VA\,(1+i)^2 * (1+i)$ $I = VA\,(1+i)^3$	$VF = VA\,(1+i)^3$
4	$VA\,(1+i)^3$	$I = VA\,(1+i)^3 * (1+i)$ $I = VA\,(1+i)^4$	$VF = VA\,(1+i)^4$

De la tabla anterior se puede generalizar la fórmula para calcular el interés compuesto:

$$VF = VA\ (1 + i)^n$$

Nota: Se debe recordar que el período y la tasa de interés deben coincidir, es decir, si la tasa es mensual el período debe ser mensual; si el período es trimestral la tasa debe ser trimestral, y así sucesivamente.

Al desarrollar el ejemplo anterior aplicando la fórmula se tiene:
VF = ?; ***VA*** = 100; ***i*** = 0,20 anual (0,05 trimestral); ***n*** = 4 trimestres
$VF = VA\ (1 + i)^n$
$VF = 100\ (1 + 0{,}05)^4$
$VF = 100\ (1{,}2155)$
$VF = 121{,}\ 55$

Despejando la fórmula anterior se puede hallar VF, VA, i y n.

Ejemplo 2: ¿Cuánto se debe depositar hoy en un banco que paga una tasa de interés del 20% anual, con liquidación trimestral, si dentro de un año se retiran $121,55?.

Paso 1: Se identifican los valores del problema
VF = 121,55; ***i*** = 0,20 anual (0,05 trimestral); ***n*** = 4 trimestres; ***VA*** = ?

Paso 2: Se reemplazan los valores en la fórmula.

$VA = VF / (1 + i)^n$

$VA = 100 / (1 + 0,05)^4$

VA = 121,55 / 1,2155)

VA = 100

Respuesta: Hoy se deben depositar $100 para retirar en un año $121,55.

Ejemplo 7

Hallar la tasa de interés trimestral a la cual $100,oo en un año se convierten en $121,55.

$VF = VA (1 + i)^n$

$121,55 = 100 (1 + i)^4$

$121,55 / 100 = (1 + i)^4$

1,2155 ^ (1/4) = (1 + i) ^ (4/4)

1,2155 ^ (1/4) = 1 + i

1,05 - 1 = i = 0,05

Ejemplo 3: ¿En cuánto tiempo, $100 se convierten en $121,55 si se paga una tasa del 5% trimestral?

Paso 1: Se identifican los valores del problema. VA = 100; VF = 121,55; i = 0,05 trimestral; n = ?

Paso 2: Se reemplazan los valores en la fórmula.

$VF = VA(1+i)^n$

$121,55 = 100\ (1 + 0,05)^n$

$121,55 / 100 = (1,05)^n$

$1,2155 = 1,05^n$

Para despejar la potencia, se le saca logaritmo, a los dos lados de la ecuación, y lo que está dividiendo pasa a dividir.

$n = \ln 1,2155 / \ln 1,05$

$n = 0,195155514 / 0,048790164$

n = 4 trimestres

Respuesta: En 4 trimestres, $100 se convierten en $121,55, a una tasa de interés del 5% trimestral.

3.1.1. ¿Cómo resolver problemas de interés compuesto en calculadora financiera

Estos problemas del valor del dinero en el tiempo (VDT), se pueden desarrollar en calculadoras financieras o en el PC. Por ejemplo, en una calculadora financiera **HEWLET PACKARD 19 IIB** se desarrollan de la siguiente manera:

El menú principal de la calculadora se inicia con el menú financiero:

0					
FIN	**COM**	**SUMA**	**CALEN**	**RESOL**	**TEXTO**

Al oprimir el menú **FIN** aparece el menú para trabajar el valor del dinero en el tiempo **(VDT)**:

SELECCIONE EL MENÚ				
FIN	**COM**	**SUMA**	**CALEN**	**RESOL**

Oprimiendo el menú **VDT** aparece:

UN PAGO POR AÑO			MODO FINAL		
N	**I%A**	**VA**	**PAGO**	**VF**	**OTRO**

En **N** se ingresa el número de períodos (días, meses, bimestres, trimestres, etc)
En **I%A** se ingresa la tasa de interés.
En **VA** se ingresa el valor presente.
En **PAGO** se ingresa el valor de las anualidades o de las cuotas.
En **VF** se ingresa el valor futuro
OTRO permite salir a otro menú. Sirve para fijar el número de períodos al año. Se aconseja colocar **UN PERÍODO POR AÑO**.

Para hallar cualquier variable se ingresan las conocidas y se pide la que se necesita. Por ejemplo, para hallar el valor futuro, en el ejemplo anterior, se tiene:

VF = 121,5506					
N	**I%A**	**VA**	**PAGO**	**VF**	**OTRO**
4	5	100		?	

3.1.2. ¿Cómo resolver problemas de interés compuesto en Excel

Los problemas de valor del dinero en el tiempo -**VDT**- se pueden resolver en Excel Excel siguiendo los siguientes pasos:

- Se escribe en cualquier columna de una página de Excel la nomenclatura y los valores dados o valores conocidos al frente de la nomenclatura correspondiente, por ejemplo, figura 1:
- Se ubica en la celda donde quiera que aparezca el resultado deseado, en este caso la celda C13, figura 1.
- Hacer clic en el ícono ***fx*** de la barra de herramientas Excel, figura 1.

Figura 1

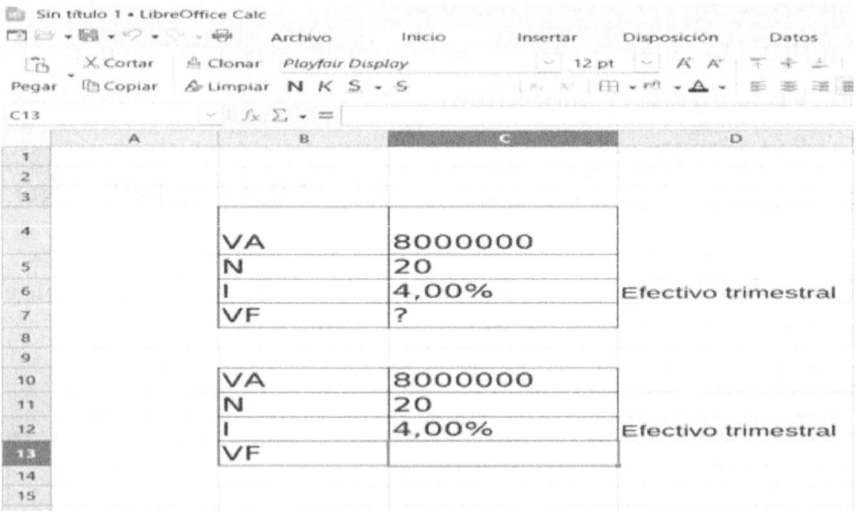

Al hacer clic en ***fx***, en el menú que se despliega, se elige ***FINANZAS***, figura 2 .

Figura 2

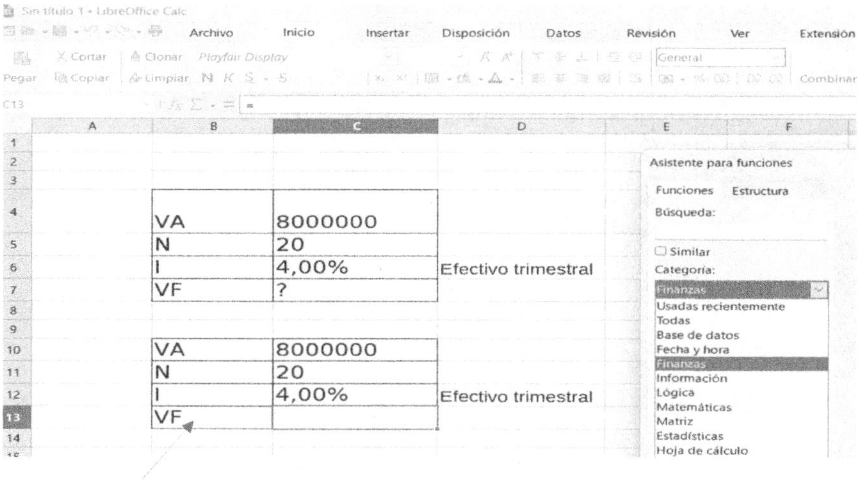

- Al hacer clic en ***FINANZAS***, se despliega un menú y de él se elige la variable ***VF***, que es la que se quiere hallar, figura 3.
- Aparece el menú de la figura 4. Como se puede observar, en él aparecen las variables **tasa, NPER, PAGO** y **va**.

Figura 3

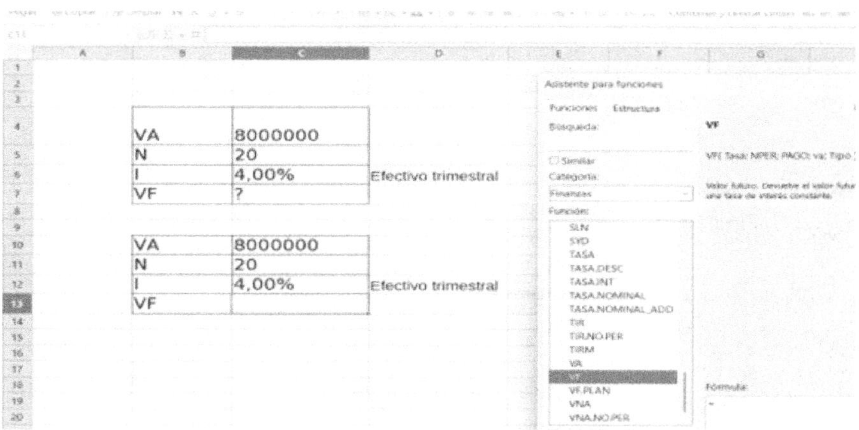

Figura 4

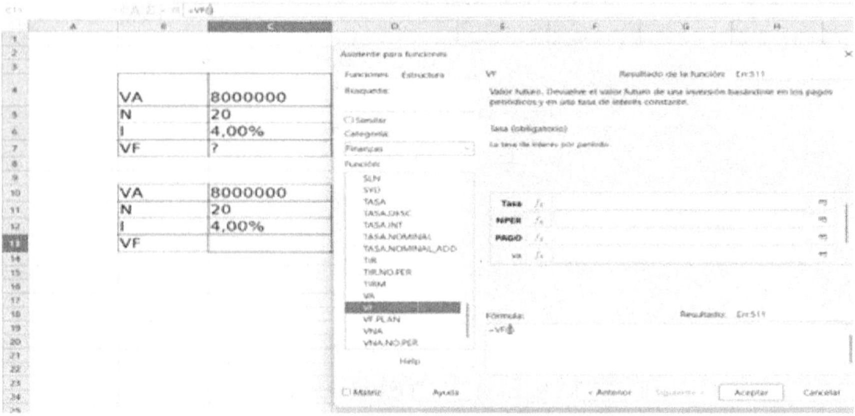

Se capturan, para este ejemplo, los valores de la tabla. En **tasa**, se captura la celda C12; en **NPER**, se captura la celda C11; **PAGOS** se deja en blanco porque no es variable conocida; en **va**, se captura la celda C10, figura 5.

Figura 5

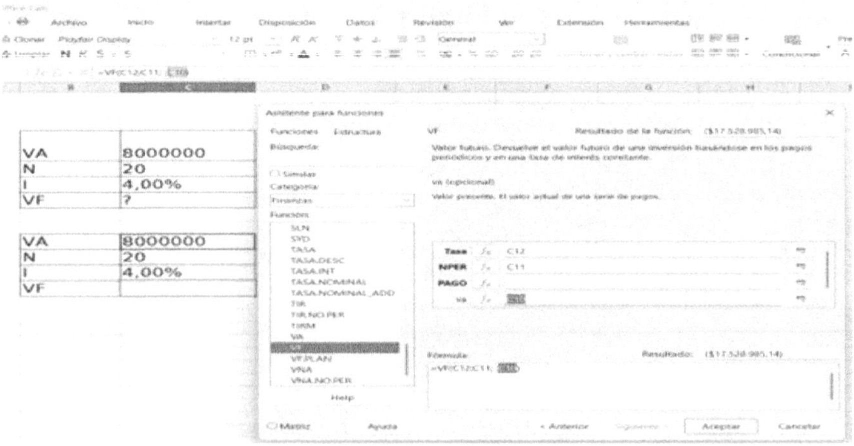

- Hacer clic en ACEPTAR y aparece en la celda elegida el valor futuro, figura 6.

Figura 6

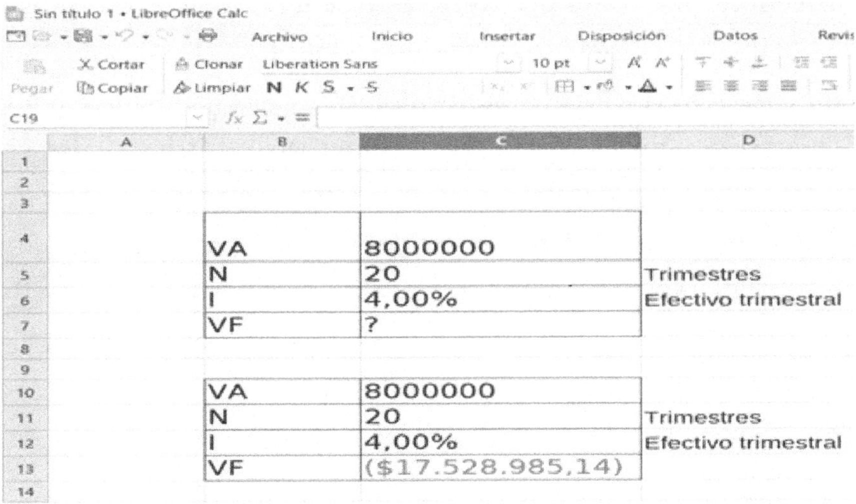

Si el resultado del valor futuro aparece en rojo o negativo es porque el Valor Presente (VA) debió ingresarse en forma negativa. Inmediatamente haga la corrección, el resultado será positivo.

De esta forma se puede hallar el valor presente, VP o P; el número de períodos, Nper o N; las anualidades, PAGOS o A; la tasa de interés, TASA o I; el valor futuro VF o F, teniendo en cuenta que cuando se busca VF, VP, N o I, uno de los valores VF, VP o A deben ingresarse en forma negativa.

3.2. TASAS DE INTERÉS NOMINAL Y EFECTIVAS

3.2.1. Tasa de interés nominal

Es la tasa que se declara en las operaciones financieras y que es aparente por cuanto no refleja la realidad. Sirve únicamente como referencia e información.

La tasa nominal dada se debe pasar a la condición estipulada, convirtiéndose en efectiva periódica. Esto se logra dividiendo la tasa nominal entre el número de períodos que tiene el año, así: Para capitalizaciones mensuales, se divide entre 12; para capitalizaciones bimestrales, se divide entre 6; para capitalizaciones trimestrales, se divide entre 4; para capitalizaciones semestrales, se divide entre 2; para capitalizaciones diarias, se divide entre 360; para capitalizaciones anuales, se divide entre 1.

La tasa capitalizable se simboliza con una **J**
Los períodos de capitalización se simbolizan con una **m**

CONCEPTO	EXPONENTE
Capitalización diaria	360
Capitalización mensual	12
Capitalización bimestral	6
Capitalización trimestral	4
Capitalización semestral	2
Capitalización anual	1
Capitalización bimensual	24

Entonces, la tasa efectiva (i) es igual a la tasa capitalizable (J) sobre el período de la capitalización (m).

$$i = J / m$$

Ejemplos

- Una tasa nominal del 36% capitalizable mensual es igual 0,36 / 12 = 0,03 (3% efectiva mensual).
- Una tasa nominal del 36% capitalizable trimestral es igual a 0,36 / 4 = 0,09 (9% efectiva trimestral).
- Una tasa nominal del 36% capitalizable semestral es igual a 0,36 / 2 = 0,18 (18% efectiva semestral).

Ejercicio 1

Una persona obtiene un préstamo de 8'000.000 a una tasa de interés del 48% capitalizable mensualmente, a un plazo de 5 años. ¿Cuánto pagará en los 5 años?.

VA = 8'000.000
i = 48% capitalizable mensualmente
n = 5 años (60 meses)
VF = ?

i **= J / m**
i = 0,48 / 12
i = 0,04 efectiva mensual
n = 5 años (60 meses)

VF = P (1 + i) ^{n}
VF = 8'000.000 $(1 + 0{,}04)^{60}$
VF = 8'000.000 (10, 51962741)
VF = 84'157.019,26
Respuesta: En los 5 años pagará $ 84'157.019,26

Utilizando la calculadora financiera (HEWLETT PACKARD 19BII) se resuelve de la siguiente manera:

- Se plantea el problema:

F = P (F / P; i; n) (Lo cual indica que se conoce P, i[2] y n y se debe hallar F)

---

[2] Se hace previamente la conversión de la tasa, en este caso 0,48 / 12 = 0.04, es decir, 4%.

- Se reemplazan los valores:

F = 8000000 (F/P; 4; 60) Esto indica que se ingresan en la calculadora los 8000000 en VA; 4 en %IA y 60 en N y se le pide hallar VF = 84157019,26

NOTA: Se sugiere resolverlo en Excel.

Ejercicio 2

Resuelva el problema anterior con una tasa de interés del 48% capitalizable trimestralmente.

VA = 8'000.000	***i*** = **J / m**
i = 48% capitalizable trimestralmente	***i*** = 0,48 / 4
n = 5 años	***i*** = 0,12 efectiva trimestral
VF = ?	***n*** = 5 años (20 trimestres)

$VF = VA\ (1 + i)^{n}$

$VF = 8'000.000\ (1 + 0{,}12)^{20}$

$VF = 8'000.000\ (1{,}12)^{20}$

$VF = 8'000.000\ (9{,}646293093)$

$VF = 77'170.344{,}74$

Respuesta: En los 5 años pagará $ 77'170.344,74

En la calculadora:

VF = P (F / P; i; n)

VF = 8000000 (F / P; 12; 20) 8000000 en **VA**; 12 en **%IA**; 20 en **N** y se le pide **VF** = 77 '170.344,74

Ejercicio 3

Un préstamo de 12'000.000 a una tasa de interés del 36% capitalizable trimestralmente, a un plazo de 78 meses. ¿Cuánto pagará en los 78 meses?

VA = 12'000.000	$i = J / m$
i = 36% capitalizable trimestralmente	i = 0,36 / 4
n = 78 meses (26 trimestres)	i = 0,09 efectiva trimestral
VF = ?	

$$VF = P\,(1 + i)^{n}$$

$$VF = 12'000.000\,(1 + 0{,}09)^{26}$$

$$VF = 12'000.000\,(1{,}09)^{26}$$

$$VF = 12'000.000\,(9{,}39915792)$$

$$VF = 112'789.895$$

Respuesta: En los 78 meses pagará $ 112'789.895,04

En la calculadora:

$$F = P\,(P / F;\ i;\ n)$$

$$F = 12000000\,(P / F;\ 9;\ 26)$$

$$F = 112789895{,}038$$

Ejercicio 4

¿Cuánto se debe depositar hoy en una corporación que paga intereses del 24% capitalizables trimestralmente, si dentro de 56 meses se quieren retirar 24'000.000?

VF = 24'000.000	$i = J / m$
i = 24% capitalizable trimestralmente	i = 0,24 / 4
n = 56 meses	i = 0,06 efectiva trimestral
VA = ?	n = 56 meses (18,67 trimestres)

$$VF = VA\,(1 + i)^{n}$$

Despejando ***VA*** se tiene la fórmula:

$VA = VF / (1 + i)^{n}$

$VA = 24'000.000 / (1 + 0{,}06)^{18{,}67}$

$VA = 24'000.000 / (1{,}06)^{18{,}67}$

$VA = 24'000.000 / (2{,}967458041)$

$VA = 8'087.730{,}20$

Respuesta: Hoy se deben depositar $ 8'087.730,20

En la calculadora:

VA = VF(F / P; i; n)

VA = 24000000 (F / P; 6; 18,67)

VA = 8087730,20

3.2.2. Tasa de interés efectiva

Es la tasa que se utiliza para determinar el interés que se registra en las operaciones periódicas. A diferencia de la tasa nominal, que viene expresada con una condición de liquidación, la tasa efectiva debe ir acompañada de la palabra EFECTIVA.

Ejemplo 1: Una persona deposita 12'300.000, dentro de 17 meses retira 18'490.000.

¿Qué tasa de interés mensual le reconocieron?

VA =12'300.000	$i = \sqrt[n]{(VF / VA)} - 1$
VF =18'490.000	$i = \sqrt[17]{(18'490.000 / 12'300.000)} - 1$
n = 17 meses	$i = \sqrt[17]{1{,}503252} - 1$
i = ?	$i = 1{,}024268 - 1$
	$i = 0{,}024268$ = 2,43% efectiva mensual

Respuesta: Le reconocieron una tasa del 2,42% efectiva mensual.

En Excel:

Clic en *fx*, se selecciona FINANZAS, y en la lista que se despliega, se da doble clic en TASA, figura 7.

Figura 7

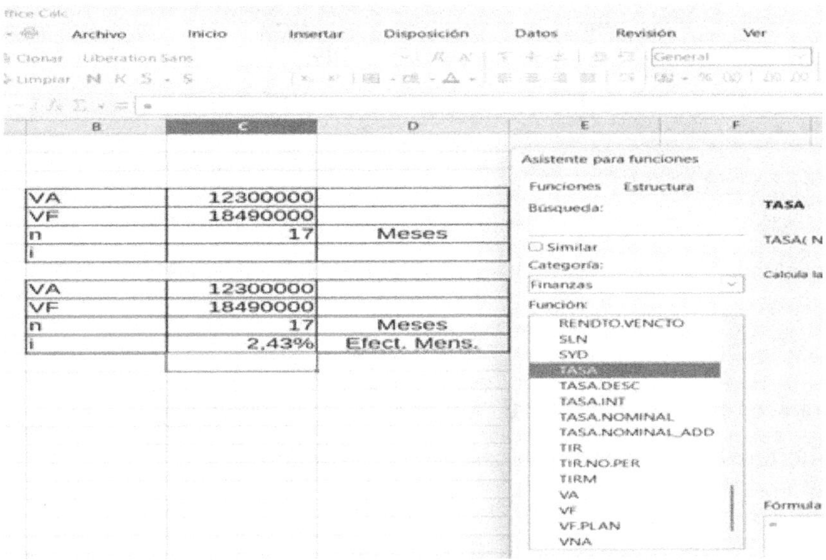

Al dar doble clic en tasa se despliega el siguiente menú, figura 8.

Figura 8

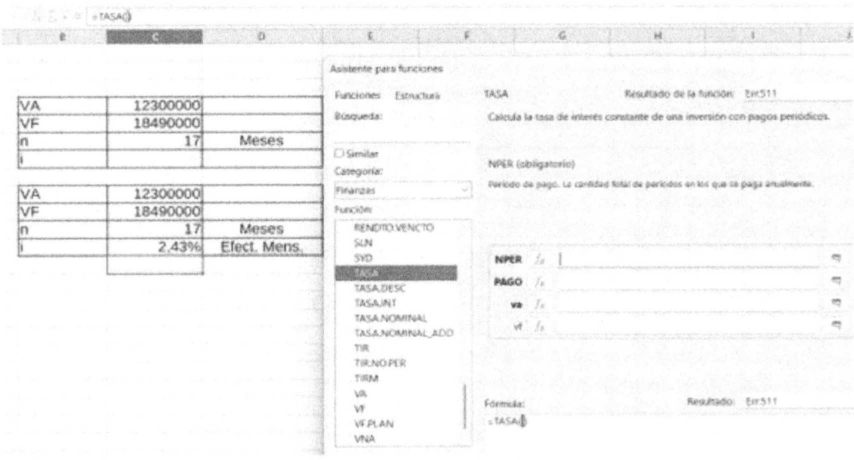

Se capturan los valores del problema, figura 9:

Figura 9

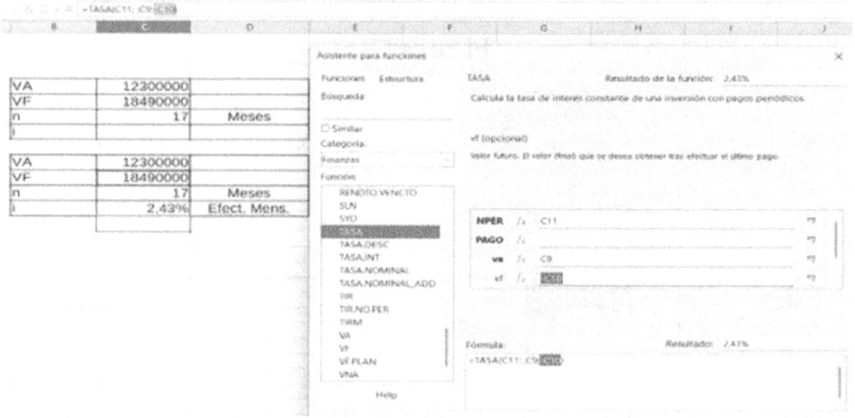

Al hacer clic en ACEPTAR, aparece en la celda seleccionada el dato solicitado, en este caso, la tasa de interés, figura 10.

Figura 10

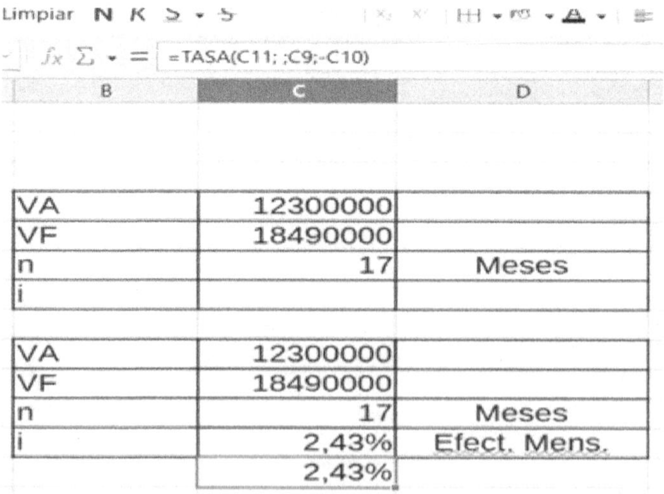

En la calculadora:

VA = 12300000

VF = 18490000

n = 17

i = ?

NOTA: Al ingresar los datos en la calculadora, se debe tener en cuenta que el valor presente (**VA**) se debe ingresar en forma negativa, según el caso. Por ejemplo:

-12300000 en ***VA***; 18490000 en ***VF***; 17 en ***N*** y se le pide hallar ***i*** = 2,43%

Ejemplo 2: Se depositan 8'000.000 a una tasa de interés del 3,5% efectivo mensual. ¿En cuánto tiempo se tendrá un capital de 11'400.000?

Paso 1: Se identifican los datos del problema:

VA = 8'000.000

VF = 11'400.000

i = 3,5% efectivo mensual

n = ?

Paso 2: Se aplica la fórmula para hallar el tiempo (***n***) en interés compuesto

n = (Log (F / P)) / (Log (1 + i))

n = (Log (11'400.00 / 8'000.000)) / (Log (1 + 0,035))

n = (Log (11'400.00 / 8'000.000)) / (Log 1,035)

n = (Log 1,425) / (Log 1,035)

n = (0,1538148643) / (0,0149403497)

n = 10,29

Respuesta: El capital de 11’400.000 se obtiene en 10 meses y 9 días aproximadamente.

¿Por qué 9 días? Porque se multiplica 30 por 0,29 = 8,7 (9 por aproximación).

En la calculadora:

- 8000000 en **VA**; 11400000 en **VF**; 3.5 en **%IA** y le pedimos hallar **N** = 10,29.

Ejemplo 3: Se depositan 13’000.000 y dentro de 10 meses se retiran 16’000.000. ¿Qué tasa de interés efectiva mensual se reconoció?

Para hallar la tasa de interés (i), también se puede utilizar la siguiente fórmula:

$$i = \left(\frac{VF}{VA}\right)^{\frac{1}{n}} - 1$$

$VA = 13'000.000$ $VF = 16'000.000$ $n = 10$ meses $i = ?$	$i = \sqrt[n]{(VF/VA)} - 1$ $i = \sqrt[1º]{(16'000.000 / 13'00.000)} - 1$ $i = \sqrt[1º]{1,23} - 1$ $i = 1,020981 - 1$ $i = 0,0209 = 2,0981\%$ mensual

Respuesta: Se reconoció una tasa de interés del 2,09% efectiva mensual.

En la calculadora:

- 13´000.000 en VA; 16´000.000 en VF; 10 en N y pedimos hallar i = 2,0981

Ejemplo 4: Se depositan 27'000.000 a una tasa de interés del 24% capitalizables trimestralmente. ¿En cuánto tiempo se pueden retirar 36'000.000?

VA = 27'000.000 ***VF*** = 36'000.000 ***i*** = 24%capitalizable trimestralmente ***n*** = ?	***i* = J / m** ***i*** = 0,24 / 4 ***i*** = 0,06 efectiva trimestral

***n* = (*Log* (*F* / *P*)) / (*Log* (*1* + *i*))**

n = (Log (36'000.000 / 27'000.000)) / (Log (1 + 0,06)) n = (Log 1,33) / (Log 1,06)

n = (0,123851641) / (0,0253058652)

n = 4,9371

Respuesta: Los 36'000.000 se pueden retirar aproximadamente en 5 trimestres (4 trimestres y 84 días exactamente). ¿Por qué 84 días? Porque se multiplica 0,9371 por 90 días que tiene un trimestre = 84,33

En la calculadora:

- 27'000.000 en VA; 36'000.000 en VF; 6 en %IA y se pide hallar N= 4,9371

Ejemplo 5: ¿Qué tasa de interés se debe pagar para que el capital se triplique en 7 meses?

VA = X ***VF*** = 3X ***n*** = 7 meses ***i*** = ?	**$i = \sqrt[n]{(F/P)} - 1$** $i = \sqrt[7]{(3X / X)} - 1$ $i = \sqrt[7]{3} - 1$ ***i*** = 1,1699 - 1 ***i*** = 0,1699 = 16,99%

Respuesta: Se debe reconocer una tasa del 16,99%

En la calculadora:

- 1 en VA; 3 en VF; 7 en N y se pide hallar i = 16,9931

Ejemplo 6: ¿Qué es preferible para un inversionista.

a) Comprar un auto de contado en 14'000.000 ó
b) Dar hoy una cuota inicial de 6'000.000, en 4 meses dar 5'000.000 y en tres meses dar 3'800.000?

La tasa de interés para evaluar las dos propuesta es del 4% efectivo mensual.

$VF = VA (1 + i)^{n}$

$VA = VF / (1 + i)^{n}$

Se trae a valor presente el capital diferido:

$VA = VF (1 + i)^{-n}$

$VA = \{ 6'000.000 + [5'000.000 (1,04)^{-4}] + [3'800.000 (1,04)^{-8}] \}$

VA = 6'000.000 + 4'274.020,95 + 2'776.622,78

VA = 13'050.643,73

Respuesta: Es mejor comprarlo a plazo.

En la calculadora:

P4 = 5'000.000 + 3'800.000 (F / P; 4; 4)

P4 = 8'248.255,9259 ahora

P0 = 6'000.000 + 8'248.255,9259 (F / P; 4; 4)

P0 = 13'050.643,7342

CAPÍTULO 4

CONVERSIÓN DE TASAS

4.1. CONVERSIÓN DE TASA EFECTIVA A TASA EFECTIVA

La tasa efectiva se puede convertir de un período a otro, según se requiera, como se observa en los siguientes ejemplos:

Ejemplo 1: Si un banco cobra una tasa del 3,5% efectiva mensual, ¿Cuál es la tasa efectiva anual?

$(1 + i)^{n} = (1 + i)^{n}$

$(1+0,035)^{12} = (1 + i)^{1}$

$1,51 = 1 + i$

$1,51 - 1 = i$

$i = 0,51$

Respuesta: La tasa efectiva anual es del 51%

Ejemplo 2: Una tasa efectiva mensual del 3,5% corresponde a qué tasa efectiva trimestral?

$(1+i)^n$	=	$(1+i)^n$
$(1+0{,}035)^{12}$	=	$(1+i)^4$
$(1+0{,}035)^{12/4}$	=	$(1+i)^{4/4}$
$(1{,}035)^3$	=	$(1+i)^1$
1,1087	=	$1+i$
1,1087 - 1	=	i
0,1087	=	i
i	=	10,87%

Respuesta: Corresponde a una tasa del 10,87% Efectiva Trimestral

Ejemplo 3: ¿Cuál es la tasa efectiva semestral de una tasa del 3,5% efectiva mensual?

$(1+i)^n$	=	$(1+i)^n$
$(1+0{,}035)^{12}$	=	$(1+i)^2$
$(1+0{,}035)^{12/2}$	=	$(1+i)^{2/2}$
$(1{,}035)^6$	=	$(1+i)^1$
1,229	=	$1+i$
1,229 - 1	=	i
0,229	=	i
i	=	22,9%

Respuesta: La tasa efectiva semestral es 22,9%

Ejemplo 4: Un banco cobra una tasa de interés por mora del 25% anual. Halle la tasa efectiva mensual.

$(1 + i)^{n} = (1 + i)^{n}$

$(1,25)^{1} = (1 + i)^{12}$

Para eliminar el exponente de la incógnita (i), se pasa como radical al otro lado de la ecuación

$\sqrt[12]{1,25} = 1 + i$

$1,01876 - 1 = i$

$0,0187 = i$

Respuesta: La tasa efectiva mensual es 1,87%

4.2. CONVERSIÓN DE TASA NOMINAL A TASA EFECTIVA

Se sugiere escanear el siguiente código QR:

Ejemplo 1: Se tiene una tasa de interés del 36% capitalizable mensualmente. Hallar la tasa efectiva trimestral.

$\mathbf{(1 + \mathit{j} / \mathit{m})^{\mathit{m}}} = (1 + i)^{n}\ (1 + 0,36 / 12)^{12} = (1 + i)^{4}$

$(1, 03)^{12} = (1 + i)^{4}$

$(1, 03)^{12/4} = (1 + i)^{4/4}$

$(1, 03)^{3} = 1 + i$

$1,092 - 1 = i$

$i = 0,092$

$i = 9,2\%$

Respuesta: La tasa efectiva trimestral es del 9,2%

Ejemplo 2: Conocida una tasa del 24% capitalizable mensualmente, hallar la tasa efectiva anual.

$\mathbf{(1 + \mathit{j} / \mathit{m})^{\mathit{m}} = (1 + \mathit{i})^{n}}$

$(1 + 0,24 / 12)^{12} = (1 + \boldsymbol{i})^{1}$

$(1, 02)^{12} = 1 + \boldsymbol{i}$

$1,2682 - 1 = \boldsymbol{i}$

$0,2682 = \boldsymbol{i}$

$\boldsymbol{i} = 26,82\%$

Respuesta: La tasa efectiva anual es del 26,82%

Ejemplo 3: Una tasa del 24% capitalizable mensualmente, hallar la efectiva trimestral.

$(1 + j / m)^{m} = (1 + i)^{n}$

$\mathbf{(1 + 0,24 / 12)^{12} = (1 + \mathit{i})^{4}}$

$(1, 04)^{12/4} = (1 + \boldsymbol{i})^{4/4}$

$(1, 04)^{3} = 1 + \boldsymbol{i}$

$1,061 - 1 = \boldsymbol{i}$

$0.061 = \boldsymbol{i}$

$\boldsymbol{i} = 6,1\%$

Respuesta: La tasa efectiva trimestral es del 6,1%

Ejemplo 4: Conocida una tasa del 4% efectiva mensual, hallar la nominal semestral.

$(1+i)^n = (1+j/m)^m$	$1{,}265 - 1 = J/2$
$(1+0{,}04)^{12} = (1+J/2)^2$	$0{,}265 = J/2$
$(1{,}04)^6 = (1+J/2)$	$0{,}265 * 2 = J$
$1{,}265 = 1 + J/2$	$0{,}53 = J$

Respuesta: La tasa nominal semestral es del 53%

Ejemplo 5: Una tasa del 24% capitalizable trimestralmente, hallar la tasa nominal trimestral.

$(1+j/m)^m = (1+j/m)^m$	$1{,}06 - 1 = J/4$
$(1+0{,}24/4)^4 = (1+J/4)^4$	$0{,}06 * 4 = J$
$(1+0{,}06) = (1+J/4)$	$0{,}24 = J$
$(1{,}06) = 1 + J/4$	

Respuesta: La tasa nominal trimestral es 24%

Ejemplo 6: Una tasa del 48% capitalizable mensualmente, hallar la efectiva diaria.

$(1+j/m)^m = (1+i)^n$	$\sqrt[30]{1{,}04} = 1 + i$
$(1+0{,}48/12)^{12} = (1+i)^{360}$	$1{,}0013 - 1 = i$
$(1{,}04)^{12/12} = (1+i)^{360/12}$	$0{,}0013 = i$
$(1{,}04) = (1+i)^{30}$	$i = 0{,}13\%$

Respuesta: La tasa efectiva diaria es del 0.13%

Ejemplo 7: Conocida una tasa del 6% efectiva bimestral, hallar la nominal con capitalización mensual.

$(1+i)^n = (1+J/m)^m$	$1{,}0295 - 1 = J/12$
$(1+0{,}06)^6 = (1+J/12)^{12}$	$0{,}0295 * 12 = J$
$(1{,}06)^{6/6} = (1+J/12)^{12/6}$	$0{,}3547 = J$
$1{,}06 = (1+J/12)^2$	$J = 35{,}47\%$
$\sqrt[2]{1{,}06} = 1 + J/12$	

Respuesta: La tasa nominal con capitalización mensual es del 35,47%

4.3. CONVERSIÓN DE TASA EFECTIVA A TASA NOMINAL ANTICIPADA[3]

Ejemplo 1: Una tasa del 47% efectiva anual, hallar la nominal mensual anticipada.

Paso 1:

Se aplica la fórmula de efectiva a nominal anticipada.

$$\frac{\mathbf{m[(1 + i)^{1/m} - 1]}}{\mathbf{(1 + i)^{1/m}}}$$

Paso 2:

Se reemplazan valores en la fórmula para hallar la tasa nominal mes anticipado (**NMA**).

$$NMA = \frac{12[(1 + 0{,}47)^{1/12} - 1]}{(1 + 0{,}47)^{1/12}}$$

NMA = 12[1,0326 - 1] / 1,0326

NMA = 12(0,0326) / 1,0326

NMA = 0,3912 / 1,0326

NMA = 0,3788 Tasa nominal mes anticipado 37,88% **Respuesta.**

Ejemplo 2

Se tiene una tasa del 36% efectiva anual, hallar la tasa nominal trimestre anticipado (NTA).

[3] Para pasar una tasa efectiva, de cualquier período a nominal anticipada, primero se debe convertir esa tasa efectiva a anual y luego, aplicando la fórmula, se lleva a nominal anticipada.

Paso 1:

Se aplica la fórmula de efectiva a nominal anticipada.

$$\frac{\mathbf{m[(1 + i)^{1/m} - 1]}}{\mathbf{(1 + i)^{1/m}}}$$

Paso 2:

Se reemplazan valores en la fórmula para hallar la tasa nominal trimestre anticipado (**NTA**).

$$NTA = \frac{4[(1 + 0{,}36)^{1/4} - 1]}{(1 + 0{,}36)^{1/4}}$$

NTA = 4[1,0799 - 1] / 1,0799

NTA = 4(0,0799) / 1,0799

NTA = 0,3196 / 0,0799

NTA = 0,2959 Tasa nominal trimestre anticipado 29,59% **Respuesta.**

Ejemplo 3

Si la tasa de interés es del 8% efectiva trimestral, hallar la tasa nominal semestre anticipado.

- Se convierte la tasa efectiva trimestral a efectiva anual.

$\mathbf{(1 + i)^{n} = (1 + i)^{n}}$

$(1 + 0{,}08)^{4} = (1 + i)^{1}$

$(1{,}08)^{4} = 1 + i$

1,36 - 1 = i

0,36 = i Tasa efectiva anual 36%

- Se halla la tasa nominal semestre anticipado (**NSA**).

$$\frac{\mathbf{m[(1 + i)^{1/m} - 1]}}{\mathbf{(1 + i)^{1/m}}}$$

$$NSA = \frac{2[(1 + 0{,}36)^{1/2} - 1]}{(1 + 0{,}36)^{1/2}}$$

NSA = 2[1,166 - 1] / 1,166

NSA = 2(0,166) / 1,166

NSA = 0,332 / 1,166

NSA = 0,285 Tasa nominal semestre anticipado 28,5% **Respuesta.**

Ejemplo 4

Conocida una tasa del 24% nominal mes anticipado, hallar la nominal trimestre anticipado.

- Se halla la anticipada de mes.

d = j / m

d = 0,24 / 12

d = 0,02 Tasa anticipada de mes

- Se halla la efectiva de mes

i = d / (1 – d)

i = 0,02 / (1 – 0,02)

i = 0,02 / 0,98

i = 0,0204 Tasa efectiva mensual.

- Se halla la efectiva anual.

$\mathbf{(1 + i)^n = (1 + i)^n}$

$(1 + 0{,}0204)^{12} = (1 + i)^1$

$(1{,}0204)^{12} = 1 + i$

1,2742 - 1 = i

0,2742 = i Tasa efectiva anual 27,42%

- Se halla la tasa nominal trimestre anticipado (**NTA**)

$$\frac{\mathbf{m[(1 + i)^{1/m} - 1]}}{\mathbf{(1 + i)^{1/m}}}$$

$$NTA = \frac{4[(1 + 0{,}2742)^{1/4} - 1]}{(1 + 0{,}2742)^{1/4}}$$

NTA = 4[1,0624 - 1] / 1,0624

NTA = 4(0,0624) / 1,0624

NTA = 0,2496 / 1,0624

NTA = 0,2351 Tasa nominal trimestre anticipado 23,51% **Respuesta.**

Ejercicios propuestos

A. Si la tasa de interés es del 2,7% efectivo mensual, hallar:

1. La anticipada de mes
2. La nominal trimestre vencido
3. La efectiva diaria
4. La anticipada de año
5. La nominal trimestre anticipado
6. La efectiva bimestral.

B. Si la tasa de interés es del 3,4% efectiva mensual, hallar:

1. La nominal mensual vencida
2. La anticipada de trimestre
3. La efectiva diaria
4. La nominal bimestral anticipada.

C. Si la tasa es del 36% nominal trimestre anticipado, hallar:

1. La nominal mensual anticipada
2. La anticipada de mes

3. La efectiva diaria
4. La nominal semestre vencido.

D. Si la tasa de interés es del 0,089% anticipada diaria, hallar:
1. La anticipada de semestre
2. La anticipada de año
3. La nominal trimestre anticipado
4. La nominal bimestre vencida.

4.4. CONVERSIÓN DE TASA NOMINAL ANTICIPADA DE PERÍODO (d) A EFECTIVA

Algunas operaciones del sistema financiero liquidan sus intereses en forma **anticipada,** como por ejemplo, en préstamos bancarios, algunas operaciones de Bolsa, etc.

Ejemplo 1: Un banco cobra una tasa del 32% nominal trimestre anticipado, hallar la efectiva anual.

Paso 1: Se halla la anticipada de período, en este caso la anticipada de trimestre (d).

$d = J / m$

$d = 0,32 / 4$

$d = 0,08$ tasa anticipada de trimestre.

Paso 2: Conocida la tasa anticipada de trimestre (d), se halla la tasa efectiva (vencida) de trimestre (i).

$i = d / (1 - d)$

$i = 0,08 / (1 - 0,08)$

$i = 0,08 / (0,92)$

$i = 0,0869$ tasa efectiva (vencida) de trimestre.

Paso 3: Se halla la tasa vencida (efectiva) anual.

$\mathbf{(1 + i)^{n} = (1 + i)^{n}}$

$(1 + 0{,}086)^{4} = (1 + i)^{1}$

$1{,}39 - 1 = i$

$0{,}39 = i$

Respuesta: La tasa efectiva anual es del 39%

Ejemplo 2

Una tasa del 24% nominal mensual anticipada, hallar la efectiva trimestral

- Se halla la anticipada de período, en este caso la anticipada mensual (d)

$d = J / m$

$d = 0{,}24 / 12$

$d = 0{,}02$ tasa anticipada de mes

- Se halla la vencida de período, en este caso la efectiva mensual (i)

$i = d / (1 - d)$

$i = 0{,}02 / (1 - 0{,}02)$

$i = 0{,}02 / (0{,}98)$

$i = 0{,}0204$ tasa vencida (efectiva) de mes.

- Se halla la efectiva trimestral

$(1 + i)^{n} = (1 + i)^{n}$

$(1 + 0{,}0204)^{12} = (1 + i)^{4}$

$(1{,}0204)^{3} = (1 + i)$

$1{,}0624 - 1 = i$

$0{,}0624 = i$

Respuesta: La tasa efectiva trimestral es de 6,24%

Ejemplo 3: Una tasa del 24% nominal trimestre anticipado, hallar la efectiva bimestral.

- Se halla la anticipada de período, es decir, la anticipada de trimestre (d)

d = J / m

d = 0,24 / 4

d = 0,06 tasa anticipada de trimestre

- Se halla la vencida de trimestre (i)

i = d / (1 – d)

i = 0,06 / (1 – 0,06)

i = 0,06 / (0,94)

i = 0,0638 tasa vencida (efectiva) de trimestre

- Se halla la efectiva bimestral

$(1 + i)^n = (1 + i)^n$

$(1 + 0{,}0638)^4 = (1 + i)^6$

$(1{,}0638)^4 = (1 + i)^6$

$1{,}28 = (1 + i)^6$

$\sqrt[6]{1{,}28} = (1 + i)$

1,042 - 1 = i

0,042 = i

Respuesta: La tasa efectiva bimestral es de 4,2%

Ejemplo 4: Una tasa del 36% nominal semestre anticipado, hallar la efectiva diaria.

- Se halla la anticipada de período, en este caso la tasa anticipada de semestre.

d = J / m

d = 0,36 / 2

d = 0,18 tasa anticipada de semestre

- Se halla la vencida (efectiva) de semestre, (i)

$i = d / (1 - d)$

$i = 0{,}18 / (1 - 0{,}18)$

$i = 0{,}18 / (0{,}82)$

$i = 0{,}2195$ tasa vencida (efectiva) de semestre

- Se halla la tasa efectiva diaria

$\mathbf{(1 + i)^{n} = (1 + i)^{n}}$

$(1 + 0{,}2195)^{2} = (1 + i)^{360}$

$(1{,}2195) = (1 + i)^{180}$

$\sqrt[180]{1{,}2195} = 1 + i$

$1{,}0011 - 1 = i$

$0{,}0011 = i$

Respuesta: La tasa efectiva diaria es de 0,11%

4.5. CONVERSIÓN DE TASA VENCIDA A TASA ANTICIPADA DE PERÍODO

De igual forma que el sistema financiero liquida los intereses de algunas operaciones en forma anticipada, también lo hace en forma vencida. Para esto utiliza la siguiente fórmula:

$$\mathbf{I = ((1 + i)^{n}) - 1}$$

Ejemplo 1

Una tasa del 30% nominal capitalizable mes vencido (CMV), hallar la efectiva anual de cobro mensual.

$Ie = [(1 + 0{,}025)12] - 1$

$Ie = 1.3449 - 1 = 0{,}3449 = 34{,}49\%$

En la calculadora financiera Hewlett Packard se resuelve de la siguiente manera:

FIN Abre el Menú financiero

CONV Conversión de tasas

EFEC Interés efectivo con capitalización

NOMINAL 30%

PERÍODOS 12

EFECTIVO 34,49 Tasa efectiva anual de cobro mensual.

Cuando los períodos de la tasa dada es diferente a los períodos de la tasa solicitada, se procede según los siguientes ejemplos:

Ejemplo 2

Conocida una tasa del 60% efectiva anual, hallar la anticipada de trimestre.

- Se halla la efectiva trimestral

$\mathbf{(1 + i)^{n} = (1 + i)^{n}}$

$(1 + 0,60)^{1} = (1 + I)^{4}$

$\sqrt[4]{1,60} = 1 + i$

$1,1246 - 1 = i$

$0,1246 = i$ Tasa efectiva trimestral

- Se halla la anticipada de trimestre

$d = i / (1 + i)$

$d = 0,1246 / (1 + 0,1246)$

$d = 0,1246 / 1,1246$

$\mathbf{d = 0,1107}$ Tasa anticipada de trimestre (11,07%) **Respuesta**

Ejemplo 3

Conocida una tasa vencida de período (tasa efectiva) del 3% mensual, hallar la anticipada mensual.

$i = 0{,}03$ efectiva mensual

$d = i / (1 + i)$

$d = 0{,}03 / (1 + 0{,}03)$

$d = 0{,}03 / 1{,}03$

d = 0,0291 Tasa anticipada mensual (2,91%) **Respuesta**

Ejercicios Resueltos

1.) Un banco cobra una tasa del 36% nominal trimestre anticipado, hallar la anticipada de trimestre.

- Se halla la anticipada de trimestre (d)

$d = J / m$

$d = 0{,}36 / 4$

$d = 0{,}09$ Tasa anticipada de trimestre.

- Se halla la efectiva de trimestre (i)

$i = d / (1 - d)$

$i = 0{,}09 / (1 - 0{,}09)$

$i = 0{,}09 / 0{,}91$

$i = 0{,}0989$ Tasa efectiva (vencida) de trimestre

- Se halla la efectiva semestral

$\mathbf{(1 + i)^{n} = (1 + i)^{n}}$

$(1 + 0{,}0989)^{4} = (1 + I)^{2}$

$(1{,}0989)^{2} = (1 + I)$

$1{,}2075 - 1 = i$

$0{,}2075 = i$ Tasa efectiva (vencida) semestral (20,75%)

- Se halla la anticipada de semestre (d)

$d = i / (1 + i)$

$d = 0,2075 / (1 + 0,2075)$

$d = 0,2075 / 1,2075$

$d = 0,1718$ Tasa anticipada de semestre (17,18%) **Respuesta**

2.) Una tasa del 24% nominal mes anticipado, hallar la anticipada de año.

- Se halla la anticipada de mes (d) $d = J / m$

$d = 0,24 / 12$

$d = 0,02$ Tasa anticipada de mes.

- Se halla la efectiva de mes (i) $i = d / (1 - d)$

$i = 0,02 / (1 - 0,02)$

$i = 0,02 / 0,98$

$i = 0,0204$ Tasa efectiva (vencida) de mes

- Se halla la efectiva de año

$(1 + i)^n = (1 + i)^n$

$(1 + 0,0204)^{12} = (1 + I)^1$

$(1,0204)^{12} = 1 + I$

$1,2742 - 1 = i$

$0,2742 = i$ Tasa efectiva (vencida) anual

- Se halla la anticipada de año (d)

$d = i / (1 + i)$

$d = 0,2742 / (1 + 0,2742)$

$d = 0,2742 / 1,2742$

$d = 0,2152$ Tasa anticipada de año (21,52%) **Respuesta**

3.) Una tasa del 23% nominal anticipada de semestre[4], hallar la anticipada de mes. d = 0,23 Tasa anticipada de semestre

- Se halla la efectiva de semestre.

$i = d / (1 - d)$

$i = 0{,}23 / (1 - 0{,}23)$

$i = 0{,}23 / 0{,}77$

$i = 0{,}2987$ Tasa efectiva de semestre

- Se halla la efectiva de mes

$\mathbf{(1 + i)^{n} = (1 + i)^{n}}$

$(1 + 0{,}2987)^{2} = (1 + i)^{12}$

$(1{,}2987) = (1 + i)^{6}$

$\sqrt[6]{1{,}2987} = 1 + i$

$1{,}0445 - 1 = i$

$0{,}0445 = i$ Tasa efectiva de mes

- Se halla la anticipada de mes

$d = i / (1 + i)$

$d = 0{,}0445 / (1 + 0{,}0445)$

$d = 0{,}0445 / 1{,}0445$

$d = 0{,}0426$ Tasa anticipada de mes (4,26%) **Respuesta**

4.) Una tasa del 38% nominal semestre anticipado, hallar la efectiva diaria.

- Se halla la anticipada de semestre. $d = J / m$

$d = 0{,}38 / 2$

$d = 0{,}19$ Tasa nominal anticipada de semestre

---

4 Cuando nos dicen nominal semestre anticipado, quiere decir que debemos hallar la anticipada de semestre; pero cuando nos dicen nominal anticipada de semestre, quiere decir que ya nos están dando este valor y que no tenemos que hallarlo. Es decir ya nos están dando el valor de d

- Se halla la vencida de semestre i = d / (1 – d)

i = 0,19 / (1 – 0,19)

i = 0,19 / 0,81

i = 0,2346 Tasa vencida (efectiva) de semestre

- Se halla la vencida diaria

$\mathbf{(1 + i)^{n} = (1 + i)^{n}}$

$(1 + 0{,}2346)^{2} = (1 + i)^{360}$

$1{,}2346 = (1 + i)^{180}$

$\sqrt[180]{1{,}2346} = 1 + i$

1,0012 - 1 = i

0,0012 = **i** Tasa vencida (efectiva) diaria 0,12% **Respuesta**

5.) Una tasa del 44% nominal mes anticipado, hallar la anticipada bimestral

- Se halla la anticipada de mes. d = J / m

d = 0,44 / 12

d = 0,0366 Tasa nominal anticipada de mes

- Se halla la vencida de mes

i = d / (1 – d)

i = 0,0366 / (1 – 0,0366)

i = 0,0366 / 0,9634

i = 0,0379 Tasa vencida (efectiva) de mes

- Se halla la vencida (efectiva) de bimestre

$\mathbf{(1 + i)^{n} = (1 + i)^{n}}$

$(1 + 0{,}0379)^{12} = (1 + i)^{6}$

$(1{,}0379)^{2} = 1 + i$

1,077 - 1 = i

0,077 = **i** Tasa vencida (efectiva) de bimestre 7,7%

- Se halla la anticipada de bimestre

d = i / (1 + i)

d = 0,077 / (1 + 0,077)

d = 0,077 / 1,077

d = 0,0714 Tasa anticipada de bimestre 7,14% **Respuesta**

6.) Una tasa del 7% anticipada de bimestre, hallar la vencida (efectiva) trimestral. d = 0,07 anticipada de bimestre

- Se halla la vencida (efectiva) de bimestre

i = d / (1 – d)

i = 0,07 / (1 – 0,07)

i = 0,07 / 0,93

i = 0,075 Tasa vencida (efectiva) de bimestre

- Se halla la vencida trimestral

$\mathbf{(1 + i)^{n} = (1 + i)^{n}}$

$(1 + 0{,}075)^{6} = (1 + I)^{4}$

$(1{,}075)^{6} = (1 + I)^{4}$

$1{,}543 = (1 + i)^{4}$

$\sqrt[4]{1{,}543} = 1 + i$

1,1145 - 1 = i

0,1145 = i Tasa vencida (efectiva) trimestral 11,45% **Rta**

7.) Una tasa del 7% **anticipada de bimestre,** hallar la tasa nominal trimestre vencido.

d = 0,07 Tasa anticipada de bimestre

- Se halla la vencida (efectiva) de bimestre

i = d / (1 – d)

i = 0,07 / (1 – 0,07)

i = 0,07 / 0,93

i = 0,075 Tasa vencida (efectiva) de bimestre

- Se halla la nominal trimestre vencido

$$\mathbf{(1 + i)^{n} = (1 + J / m)^{m}}$$

$$(1 + 0{,}075)^{6} = (1 + J / 4)^{4}$$

$$(1{,}075)^{6} = (1 + J / 4)^{4}$$

$$1{,}543 = (1 + J / 4)^{4}$$

$$\sqrt[4]{1{,}543} = 1 + J / 4$$

$$1{,}1145 - 1 = J / 4$$

$$(0{,}1145)(4) = J$$

0,458 = **J** Tasa nominal trimestre vencido (o capitalizable trimestralmente) 45,8% **Respuesta.**

4.6. TABLA DE CONVERSIONES

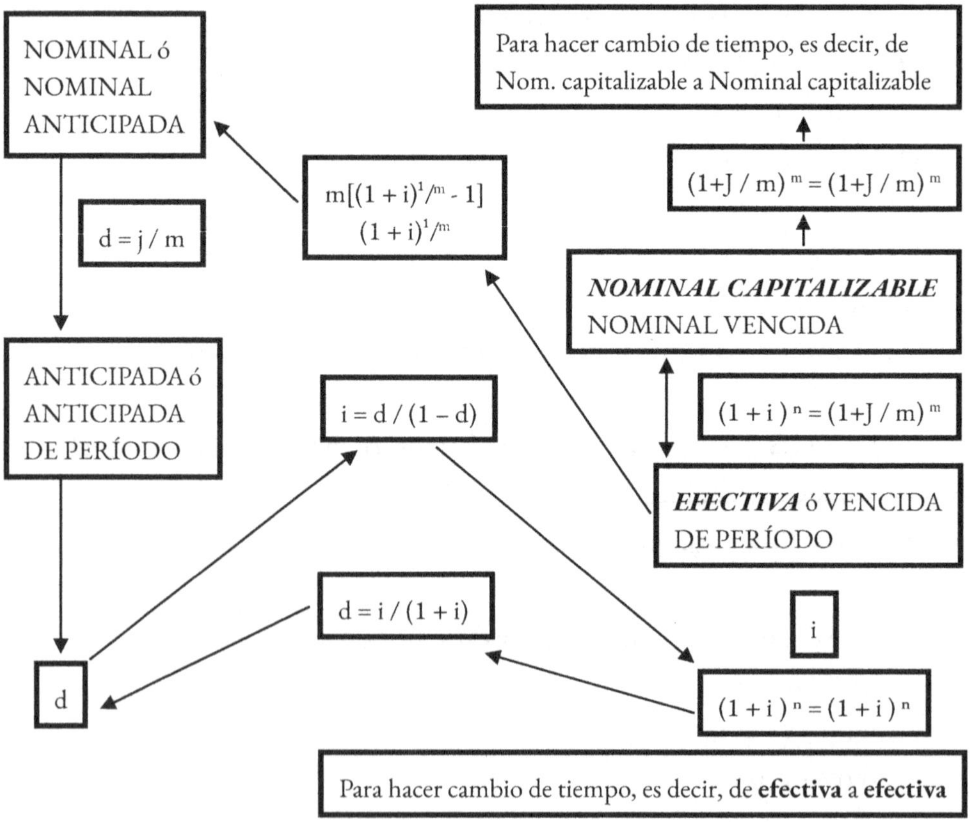

PARA HACER LA CONVERSIÓN DE UNA TASA COMPUESTA CONTINUAMENTE

i

$e^{i} - 1$

Ejemplo:

24% anual compuesto continuamente

$e^{0.24} - 1 = 27,12\%$

Ejercicios propuestos

1.) Conocida una tasa del 36% Nominal trimestre anticipado, hallar:

1. La anticipada de mes.
2. La efectiva trimestral
3. La efectiva diaria.
4. La nominal trimestral vencida.
5. La anticipada de año.
6. La anticipada bimestral
7. La efectiva semestral.

4.7. UNIDAD DE VALOR REAL - UVR

Las anteriores corporaciones de ahorro y vivienda realizaban sus operaciones de captación y colocación en UNIDADES DE PODER ADQUISITIVO CONSTANTE –UPAC, que permitía mantener un poder adquisitivo del dinero a través del tiempo por efecto de una tasa de interés que se liquidaba a diario, denominada CORRECCIÓN MONETARIA y fijada por el Banco de la República cada mes. Ésta se conoce como una tasa efectiva anual con capitalización diaria; (el interés se liquida a diario contando el año de 365 días).

En diciembre de 1999, por ley de la República, se modifica el sistema para amortización en la adquisición de vivienda, reemplazando la UPAC por la Unidad de Valor Real – UVR. Ésta funciona de igual forma que la UPAC, excepto que el valor real se liquida con base en el índice de precios al consumidor –IPC, que determine el DANE.

Lo anterior se puede ilustrar con el siguiente ejemplo:

Un ahorrador consigna $100.000 en un banco el 1º de abril de 2025. El IPC del mes está calculado en el 16,5% efectiva anual con capitalización diaria. Cuál será el saldo del cliente el 15 de abril, el 20 de abril y el 30 de abril?.

Paso 1:

Se debe hacer la conversión de la tasa efectiva anual a efectiva diaria.

$\mathbf{(1 + i)^n = (1 + i)^n}$

$(1{,}165)^1 = (1 + i)^{360}$

$\sqrt[360]{1{,}165} = 1 + i$

$1{,}0004243 - 1 = i$

$0{,}0004243 = i$

$i = 0{,}04243\%$ tasa efectiva diaria

Paso 2:

Se identifican los valores de las variables del problema

$VA = 100.000$

$n = 15$ días

$i = 0{,}0004243$

$VF = ?$

Paso 3:

Se aplica la fórmula para hallar el valor futuro VF.

$$VF = VA\ (1 + I)^{n}$$

Paso 4:

- Hallar el saldo para el día 15 de abril

VF = 100.000 (1,0004243)^15

VF = 100.000 * 1,006383

VF = 100.638, 34

Respuesta 1: Al día 15, el saldo es de $100.638,34

Paso 5:

- Hallar el saldo para el día 20 de abril

VA = 100.000; n = 20 días; i = 0,0004243; VF = ?

VF = 100.000 (1,0004243)^20

VF = 100.000 * 1.00852

VF = 100.852,03

Respuesta 2: Al día 20 de abril, el saldo es de $100.852,03

Paso 6:

- Hallar el saldo para el día 30 de abril.

VA = 100.000; n = 30 días; i = 0004243; VF = ?

VF = 100.000 (1,0004243)^30

VF = 100.000 * 1.0128

VF = 101.280,76

Respuesta 3: Al día 30 de abril, el saldo es de $101.280,76

Ejercicio propuesto 1

Un préstamo de $10.000 se otorga a una tasa del 8 % anual simple por 2 años. ¿Cuál es el interés total a pagar?

Respuesta: El interés total a pagar es $1.600

Ejercicio propuesto 2

Calcular la tasa efectiva anual de una tasa nominal del 18 % con capitalización trimestral.

Respuesta esperada: La tasa efectiva anual, con capitalización trimestral es del 19,25 %

Conocer los distintos tipos de tasa de interés te permite:

- Comparar correctamente productos financieros (créditos, inversiones, leasing)
- Entender cuánto realmente pagarás o ganarás
- Convertir tasas según las necesidades del análisis

Ejercicio propuesto 3

Un cliente invierte $8.000 a una tasa nominal del 10 % capitalizable semestralmente.

¿Cuál será la tasa efectiva anual?

Respuesta:

TEA = 10.25%

Ejercicio propuesto 4

Un préstamo de $5.000 se cancela con $5.450 luego de 6 meses. Calcule la tasa simple mensual aplicada.

Respuesta esperada:

i = 1.5% mensual

El dominio de las tasas de interés te permite:

- Tomar decisiones financieras informadas
- Comparar productos bancarios correctamente
- Calcular pagos, intereses y retornos reales en cualquier operación

CAPÍTULO 5

TASAS DE INTERÉS TENIENDO EN CUENTA LA INFLACIÓN Y LA DEVALUACIÓN

En el análisis financiero real, las tasas de interés no pueden estudiarse de manera aislada. Elementos macroeconómicos como la inflación y la devaluación de la moneda influyen directamente en el valor del dinero en el tiempo y, por tanto, en la toma de decisiones financieras inteligentes.

Este capítulo se enfoca en cómo incorporar estos dos factores en el análisis de tasas de interés, permitiendo evaluar de forma más precisa la rentabilidad real y el riesgo económico de una inversión o deuda.

5.1. TIPOS DE TASAS DE INTERÉS

Para comprender la relación con la inflación y la devaluación, primero se distinguen tres tipos de tasas:

- **Tasa nominal (i):** Es la tasa observada o publicada, que no descuenta la inflación. Se usa habitualmente en contratos financieros.
- **Tasa real (r):** Refleja el rendimiento o costo ajustado por el poder adquisitivo. Es decir, elimina el efecto de la inflación.
- **Tasa efectiva:** Es la tasa que considera la capitalización de los intereses. Puede ser nominal o real, dependiendo del contexto.

5.2. RELACIÓN ENTRE INFLACIÓN Y TASA DE INTERÉS

La inflación reduce el valor real del dinero. Por tanto, una tasa de interés nominal elevada puede no representar una ganancia si la inflación es alta. La fórmula que relaciona ambas tasas es:

$(1 + i) = (1 + r) \times (1 + \pi)$

Donde:

i = tasa nominal

r = tasa real

π = tasa de inflación esperada

Despejando la tasa real:

$$r = \frac{1+i}{1+\pi} - 1$$

Interpretación práctica:

Si un inversor obtiene una tasa nominal del 10% en un año, pero la inflación fue del 8%, su ganancia real es de aproximadamente

1.85%. Esto muestra que el poder adquisitivo de los rendimientos puede erosionarse rápidamente si no se considera la inflación.

5.3. INCORPORANDO LA DEVALUACIÓN EN EL ANÁLISIS FINANCIERO

La devaluación es la pérdida de valor de una moneda nacional respecto a una moneda extranjera (usualmente el dólar). Esto afecta directamente a operaciones internacionales, importaciones, exportaciones y deudas en moneda extranjera.

Fórmula de ajuste de la tasa por tipo de cambio:

$$(1 + i_{\text{local}}) = (1 + i_{\text{externa}}) \times (1 + d)$$

Donde:
ilocal = tasa de interés en moneda local
iexterna = tasa de interés en moneda extranjera
d = tasa de devaluación esperada

5.4. TASA REAL AJUSTADA POR INFLACIÓN Y DEVALUACIÓN

Para inversiones o créditos que se cruzan entre monedas y mercados, se puede considerar una tasa real compuesta, que ajusta tanto por inflación local como por devaluación:

$$Tasa\ Ajustada = \left(\frac{1 + i}{(1 + \pi)(1 + d)}\right) - 1$$

Esta fórmula representa el rendimiento o costo financiero en términos reales, considerando tanto el entorno interno (inflación) como el externo (devaluación).

Reflexión: Las tasas de interés no pueden analizarse sin el contexto económico. La inflación erosiona el valor del dinero y la devaluación distorsiona los retornos en mercados internacionales. Aplicar estos ajustes permite tomar decisiones más informadas, realistas y éticamente responsables, protegiendo el valor de los recursos financieros a largo plazo.

Ejercicio 1: Un inversionista compra bonos por USD 1.000 que garantizan una rentabilidad del 6% efectiva anual y plazo de un año. El tipo de cambio actual es de $4.173 por dólar. Se estima una devaluación aproximada del 4% para el año. Calcular la rentabilidad real que se podría obtener, teniendo en cuenta que la inflación para el año en que se hizo la inversión es del 4,82%.

- Tasa de rentabilidad (i_1): 6%
- Devaluación (i_2) 4%
- Inflación 4,82%

Paso 1: Se calcula la tasa de interés inflada

Tasa inflada = i1 + i2 + (i1 * i2)

Tasa inflada = 0,06 + 0,04 + (0,06 * 0,04)

Tasa inflada = 0,1024 = 10,24%

Paso 2: Se calcula la tasa de rendimiento real o deflactada (*ir*)

ir = (Tasa interés inflada – Inflación) / (1 + inflación)

ir = (0,1024 – 0,0482) / (1 + 0,0482)

ir = (0,0542) / (1,0482)

ir = (0,0517) = 5,17%

Paso 3: Se calcula la rentabilidad real del bono

1.000 USD * $4.173 = 4.173.000

VF = 4.173.000 * (1 + 0,0517)1

VF = 4.388.744,1

Rentabilidad real del bono = \$4.388.744,1 – \$4.173.000 = \$215.744,1

Ejercicio 2: Una persona invierte \$20.000.000 en un banco que reconoce una tasa de interés del 12,5% efectiva anual. ¿Cuál es la rentabilidad real dentro de 2 años, si el promedio de la inflación para los 2 años es del 5,6%.

VA = \$20.000.000

i = 12,5%

n = 2

Inf = 5,6%

Paso 1: Se halla la tasa de interés real

ir = (Tasa interés inflada – Inflación) / (1 + inflación)

ir = (0, 125 – 0,056) / (1 + 0,056)

ir = (0,069) / (1,056)

ir = (0,0653) = 6,53%

Paso 2: Se calcula la rentabilidad real de la inversión

VA = 20.000.000

i = 0,0653

n = 2

VF = ?

VA = 20.000.000 * (1 + 0,0653)2

VA = 22.472.000

Rentabilidad real del bono = \$22.472.000 – \$20.000.000 = \$2.472.000

Ejercicio 3: Se tiene una tasa de interés (i_1) neta del 15% efectiva anual y una inflación (i_2) del 6% anual. ¿Cuál es la tasa de interés inflada?

i_1 = 15%

i_2 = 6%

Tasa inflada = $i_1 + i_2 + (i_1 * i_2)$

Tasa inflada = 0,15 + 0,06 + (0,15 * 0,06)

Tasa inflada = 0,21 + 0,009

Tasa inflada = 0,219= 21,9%

Ejercicio 4: Se invierten $25.000.000 en un banco que reconoce una tasa de interés del 12% efectiva anual. Si la inversión se hace a 5 años y se espera que el promedio de la inflación, para los 5 años, sea de 5,3%, ¿Cuál es valor futuro de la inversión?

VA = $25.000.000

i = 12% anual

n = 5 años

Inf = 5,3%

Paso 1: Se halla la tasa de interés real (ir)

ir = (Tasa interés inflada – Inflación) / (1 + inflación)

ir = (0, 12 – 0,053) / (1 + 0,053)

ir = (0,067) / (1,053)

ir = (0,0636) = 6,36% anual

Paso 2: Se calcula la rentabilidad real de la inversión

VA = 25.000.000

i = 0,0636 anual

n = 5 años

VF = ?

VA = 25.000.000 * (1 + 0,0636)5 VA = 34'027.626

Rentabilidad real del bono = \$34'027.626 – \$25.000.000 = \$9'027.626

Ejercicio 5: ¿Cuánto vale un bien dentro de 7 años, que hoy cuesta 75'000.000, si se espera una inflación promedio del 4,8% anual?

VA: 75'000.000 Inf. : 4,8% ***n***: 7 ***VF***: ?	$VF = VA\,(1+i)^{n}$ $VF = 75'000.000\,(1+0{,}048)^{7}$ VF =104'133.446 **Respuesta:** El bien valdría \$104'133.446 Aprox. Si es un bien raíz, se le debe sumar la valorización.

Ejercicio 6: Hoy se invierten 5.000 USD a una tasa de interés del 11% efectiva anual. ¿Cuál es el valor futuro dentro de dos años, si se estima una inflación del 5,8%?

Paso 1: Se halla la tasa inflada

$i_1 = 11\%$

$i_2 = 5{,}8\%$

$\textit{Tasa inflada} = i_1 + i_2 + (i_1 * i_2)$

$\textit{Tasa inflada} = 0{,}11 + 0{,}058 + (0{,}11 * 0{,}058)$

$\textit{Tasa inflada} = 0{,}17438$

Paso 2: Se halla el valor futuro de la inversión

VA: 5.000 ***Inf.***: 0,17438% ***n***: 2 ***VF***: ?	VF =VA (1+i)n VF =5.000 (1+ 0,17438)2 VF =6.895,84 **Respuesta:** El valor futuro de la inversión es 6.895.84 USD.

Ejercicio 7: Un inversionista de EE.UU. Está realizando un proyecto de inversión en Colombia que ofrece una rentabilidad en pesos Colombianos del 35% anual. Si el inversionista logra en su país una rentabilidad del 10% anual, ¿Cuál será la devaluación del peso frente al dólar, por encima o por debajo, para que el proyecto sea atractivo?

i_{COL} = 35%

i_{USA} = 10%

Devaluación = [(1 + i_{COL}) / (1 + i_{USA})] - 1

Devaluación = [(1 + 0,35) / (1 + 0,10)] - 1

Devaluación = [1,2273] - 1

Devaluación = 0,2273 = 22,73%

Respuesta: La devaluación del peso frente al dólar es del 22,73%

Ejercicio 8: Si en Venezuela la inflación es del 28% anual y en Colombia es del 5,35%,

¿Cuál es la devaluación del bolívar frente al peso colombiano?

i_{COL} = 5,35%

i_{Ven} = 28%

Devaluación = [(1 + i_{Ven}) / (1 + i_{COL})] - 1

Devaluación = [(1 + 0,28) / (1 + 0,0535)] - 1

Devaluación = [1,215] - 1

Devaluación = 0,215 = 21,5%

Respuesta: La devaluación del bolívar venezolano frente al peso colombiano es del 21,5%.

Ejercicio 9: Una empresa colombiana debe comprar una máquina, por valor de 20.000 USD a un proveedor de EE UU. El proveedor ofrece dos opciones de pago:

Opción 1: 8 pagos trimestrales de 2.849,13 USD
Opción 2: 4 pagos semestrales de 5.783,73 USD
La tasa de interés del crédito es del 3% efectiva trimestral.
Si la tasa de cambio, en el momento de la compra, era de $1.055/USD, y dos años después se estima de que sea de 1.559/USD, con una devaluación constante, determinar:

a.) Tasa de interés a pagar si se toma la opción 2.
b.) Tasa de interés efectiva anual de financiación.

a.) Se halla la tasa de interés efectiva semestral, dado que los pagos son semestrales. $(1 + i)^n = (1 + i)^n$

$(1 + 0{,}03)^4 = (1 + i)^2$
$(1{,}03)^2 = 1 + i$
$1{,}0609 - 1 = i$
$0{,}0609 = i$

Respuesta: Si se toma la opción 2, la tasa de interés a pagar es del 6,09% efectiva semestral.

b.) Para hallar la tasa efectiva anual de financiación, primero se determina la devaluación a los 2 años:

Devaluación = (Tasa de cambio 2 – Tasa de cambio 1) / Tasa de cambio 1
Devaluación = (1.559 – 1.055) / 1.055
Devaluación = 0,4778

Conociendo la devaluación a los 2 años, se calcula la devaluación trimestral:
Devaluación = $(1 + \text{Dev})^{1/n} - 1$
Devaluación = $(1 + 0{,}4778)^{1/8} - 1$
Devaluación = 1,05 – 1
Devaluación = 0,05 = 5%

Conocida la devaluación trimestral, se halla la tasa efectiva trimestral afectada por la devaluación:

i = [(1 + 0,03) * (1 + 0,05)] - 1

i = [1,03 * 1,05] -1

i = 1,0815 – 1

i = 0,0815 = 8,15%

Conocida la tasa efectiva trimestral afectada por la devaluación, se halla la tasa efectiva anual.

$(1 + i)^n = (1 + i)^n$

$(1 + 0,0815)4 = (1 + i)^1$

1,368 = 1 + i

1,368 – 1 = i

0,368 = i = 36,8%

Respuesta: La tasa efectiva anual de financiación es del 36,8% efectiva anual.

Ejercicio 10: Una persona piensa depositar hoy un dinero, con el propósito de heredar a sus tres hijos trillizos que están cumpliendo 5 años, un dinero que podrán retirar al comienzo de cada mes con montos equivalentes, en su momento, a lo que hoy se compra con $300.000 a partir de su mayoría de edad y hasta que cumplan 30 años, edad en la cual ya deben tener definida su profesión. Si el dinero depositado gana una tasa de interés del 34% efectiva anual y la inflación esperada es del 19% anual, ¿Cuánto debería depositar la persona hoy?.

Datos del problema:

i = 34%

Inf = 19%

Al cumplir 18 años, habrán transcurrido 13 años desde el inicio del ahorro (156 meses). Al cumplir 30 años, habrán transcurrido 25 años (299 meses).

Paso 1: Se halla el interés deflactado (id):

id = (i – inflación) / (1 + inflación)

id = (0,34 – 0,19) / (1 + 0,19)

id = 0,15 / 1,19

id = 0,12605 = 12,61% anual

Paso 2: Se halla la tasa de interés mensual:

$i_m = (1 + id)^{1/12} - 1$

$i_m = (1 + 0{,}12605)^{1/12} - 1$

$i_m = (1{,}009942) - 1$

$i_m = 0{,}\ 009942 = 0{,}9942\%$ efectiva mensual

Paso 3: Se lleva a valor futuro (VF) de 144 meses (299 – 156), los $300.000:

$VF = A \{ [(1 + i)^n - 1] / i \}$

$VF = 300.000 \{ [(1 + 0{,}009942)^{144} - 1] / 0{,}\ 009942 \}$

$VF = 300.000 \{ [(1{,}009942)^{144} - 1] / 0{,}\ 009942 \}$

VF = 300.000 {3,1561 / 0, 009942 }

VF = 95´235.486

Paso 3: Se trae a valor presente (VA) de 299 meses, los $95´235.486:

$VA = VF / (1 + i)^n$

$VA = 95´235.486 / (1 + 0{,}009942)^{299}$

VA = 95´235.486 / 19,258993

VA = 4´944.988

Respuesta: La persona debería depositar hoy $4´944.988

Ejercicio 11: Una empresa requiere tecnificar su sistema productivo para enfrentar los aranceles impuestos y para ello debe importar una nueva máquina de EE. UU. Cuyo valor de compra es de 20.000 USD. El vendedor puede financiar la máquina cobrando una tasa de interés del 9%, nominal mes vencido, y un plazo de 2 años con pagos uniformes, incluyendo capital e intereses, al final de cada mes.

Si la tasa de cambio hoy es de $4.123 por dólar, y se espera una devaluación de 19,5618%, determinar el saldo de la deuda en dólares y en pesos colombianos al cabo de 6 meses.

Paso 1: Se halla la tasa de interés mensual:

j = 9% Nominal mes vencidos m = 12

i = ?

i = j / m

i = 0,09 / 12 = 0,0075

i = 0,75% efectiva mensual

Paso 2: Se calcula la devaluación mensual:

$i = (1 + \text{devaluación})^{1/n} - 1$

$i = (1 + 0{,}195618)^{1/12} - 1$

i = 0,0149999 = 1,49999% devaluación mensual.

Paso 3: Se calcula el valor de los pagos mensuales:

VA = 20.000 USD ***i*** = 0,75% ***n*** = 24 (2 años) ***A*** = ?	A = VA / {[1 – (1 + i)-n] / i } $A = 20.000 / \{[1 - (1 + 0{,}0075)^{-24}] / 0{,}0075\}$ A = 20.000 / {[1 – (0,8358314)] / 0,0075} A = 20.000 / {21,88914667} A = 913,6948 USD **Respuesta:** El valor de los pagos mensuales es de 913,6948 USD.

Paso 4: Se halla el saldo en el mes 18, tanto en dólares como en pesos:

VA = 913,6948 USD ***i*** = 0,75% ***n*** = 18 Meses que faltan ***VA*** = ?	$VA = A * \{[1 - (1 + i)^{-n}] / i\}$ $VA = 913,6948 * \{[1 - (1 + 0,0075)^{-18}] / 0,0075\}$ $A = 913,6948 * \{[1 - (0,874156)] / 0,0075\}$ $A = 913,6948 * \{16,7792\}$ $A = 15.331$ USD **Respuesta 1:** Al cabo de 6 meses, la deuda es de 15.331 USD. **Respuesta 2:** Al cabo de 6 meses, la deuda es de 15.331USD * 4.123 (Valor tasa de cambio) * (1,015)6 = 69'116.234,9 en pesos Colombianos.

CAPÍTULO 6

ANUALIDADES (A)

Las anualidades son series de pagos o cobros iguales que se realizan a intervalos regulares de tiempo, mensuales, trimestrales, anuales, durante un período determinado. Estos pagos pueden representar cuotas de préstamos, aportes de ahorro o ingresos periódicos, como pensiones. Por ejemplo, los créditos de vivienda, la financiación de automóviles y gran número de operaciones bancarias se pactan con pagos periódicos a los cuales se denominan **anualidades** y tienen las siguientes características:

1. El monto ahorrado, capitalizado o pagado es fijo período a período.
2. Los períodos son iguales (días, meses, bimestres, trimestres, semestres, años).

3. La tasa de interés debe ser fija por períodos y debe coincidir con el tiempo, es decir, con los períodos.
4. Las tasas son efectivas.

6.1. ANUALIDADES VENCIDAS (A)

Son aquellas en las que cada pago se realiza al final de cada periodo. Es el tipo de anualidad más común en contextos financieros reales, como:

- Créditos bancarios
- Cuotas de préstamos personales
- Rentas o arriendos
- Aportes de ahorro programado

En este sistema, el capital comienza a devengar intereses después del primer periodo, ya que el primer pago se efectúa al final del mismo.

6.1.1. Fórmulas fundamentales de las anualidades vencidas

Valor futuro (monto acumulado):

$$VF = R \cdot \frac{(1+i)^n - 1}{i}$$

Valor actual (presente o capital financiado):

$$VA = R \cdot \frac{1-(1+i)^{-n}}{i}$$

Donde:

R ó ***A:*** valor de cada renta o cuota periódica

i: tasa de interés por periodo

n: número de periodos
VF: valor acumulado al final del plazo
VA: valor presente equivalente al total de cuotas

6.1.2. Características clave de las anualidades vencidas

Característica	Descripción
Pago al final del periodo	La primera cuota se paga al terminar el primer intervalo
Frecuencia fija	Los pagos son periódicos y constantes
Capitalización compuesta	Cada pago se acumula con interés hasta el final
Ejemplos comunes	Créditos personales, hipotecas, fondos de ahorro

Ejemplo 1: Una persona ahorra $ 20.000 mensuales durante 9 meses, con una tasa de interés del 10% capitalizables trimestralmente. ¿Cuánto capital recibirá al final de los 9 meses?.

En el problema se está pidiendo una respuesta en meses, por lo que la tasa de interés, que es trimestral, se debe convertir a mensual.

- Se halla la tasa efectiva mensual

$(1+J / m)^{m} = (1 + \boldsymbol{i})^{n}$
$(1 + 0,10 / 4)^{4} = (1 + \boldsymbol{i})^{12}$
$(1 + 0,025)^{4} = (1 + \boldsymbol{i})^{12}$
$(1,025) = (1 + \boldsymbol{i})^{3}$
$\sqrt[3]{1,025} = 1 + \boldsymbol{i}$
$1,0082 - 1 = \boldsymbol{i}$
$0,0082 = \boldsymbol{i}$ Tasa efectiva mensual 0,82%

- Conociendo la tasa efectiva mensual se puede hallar el valor futuro al final de los 9 meses aplicando la fórmula de anualidades.

$$VF = A\{ [(1 + i)^n - 1] / i\}$$

- Se plantea el problema o se identifican los valores.

A = 20.000

i = 0,82% efectiva mensuales

n = 9

VF = ?

- Se reemplazan los valores en la fórmula y se halla la variable solicitada, en este caso el valor futura VF.

$VF = 20.000\{ [(1 + 0,0082)^9 - 1] / 0,0082\}$

$VF = 20.000\{ [(1,0082)^9 - 1] / 0,0082\}$

$VF = 20.000\{[1,0763 - 1] / 0,0082\}$

$VF = 20.000 \{ 9,30\}$

VF = 186.018

Respuesta: Al final de los 9 meses recibirá $ 186.018.

- ***¿Cómo se resuelve en la calculadora financiera HEWLET PACKARD 19 IIB?***

VF = A (A / F; i; n)

VF = 20.000 (A / F; 0.82; 9)

20.000 en ***PAGOS***; 0.82 en ***%IA***; 9 en ***N*** y se pide hallar ***VF*** = ***186.018,364***

- ***¿Cómo se resuelve en Excel?***

Se llevan los valores de las variables a una hoja de Excel, hacer clic en ***fx*** y se selecciona ***finanzas***, como se muestra en la figura 11.

Figura 11

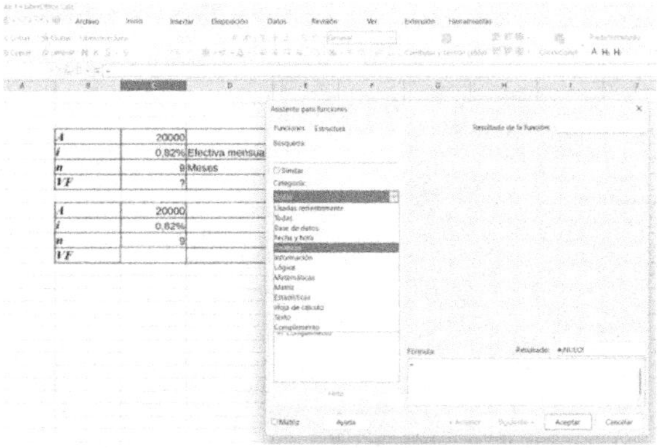

Al hacer doble clic en ***finanzas*** se despliega un listado de categorías. De ese listado se selecciona la variable que se quiere hallar, en este caso la variable de valor futuro (***VF***), como se muestra en la figura 12.

Se puede observar que al hacer clic en VF se despliega un cuadro de diálogo en el que aparecen las variables del problema (***Tasa, NPER, PAGO***) y se capturan de la tabla de valores y se da ***ACEPTAR***, figura 13.

Figura 12

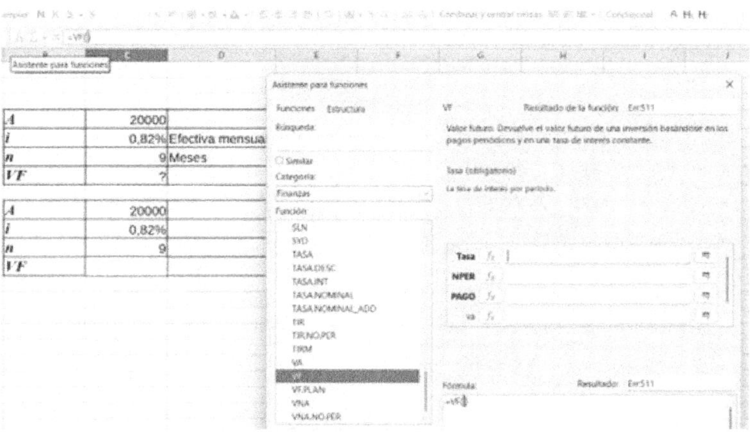

Figura 13

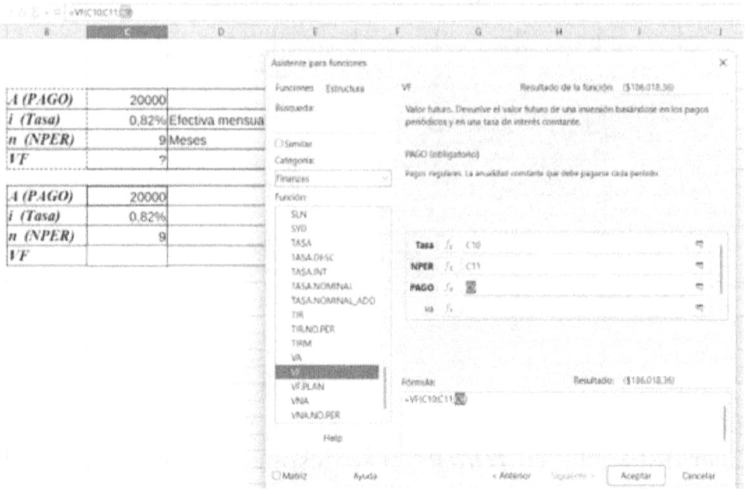

Al hacer clic en ACEPTAR, aparece en la tabla de valores de Excel el valor de la variable a hallar, en este caso el valor futuro (VF), figura 14. Se observa que el valor aparece en rojo. Esto indica que es negativo. Para que aparezca positivo, en la tabla de valores, el PAGO (A) se digita negativo, como se observa en la figura 15.

Figura 14

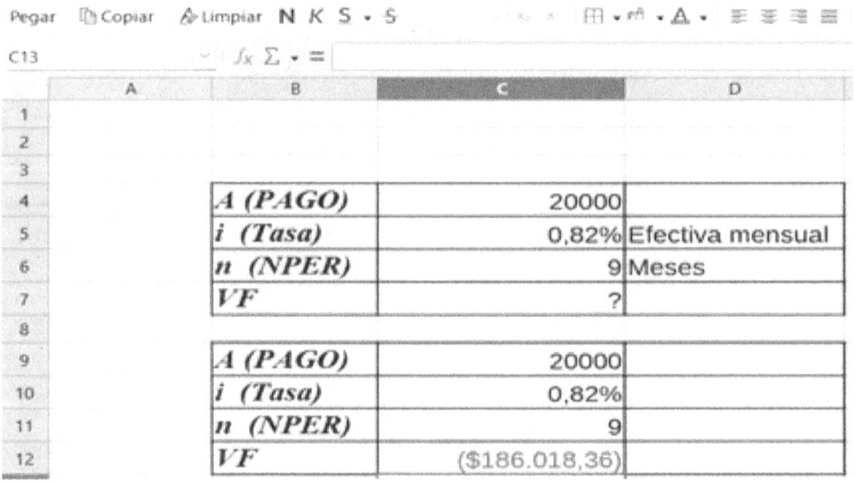

	A	B	C	D
1				
2				
3				
4		*A (PAGO)*	20000	
5		*i (Tasa)*	0,82%	Efectiva mensual
6		*n (NPER)*	9	Meses
7		*VF*	?	
8				
9		*A (PAGO)*	20000	
10		*i (Tasa)*	0,82%	
11		*n (NPER)*	9	
12		*VF*	($186.018,36)	

Figura 15

fx Σ = =VF(C10;C11;C9)

B	C	D
A (PAGO)	20000	
i (Tasa)	0,82%	Efectiva mensual
n (NPER)	9	Meses
VF	?	

A (PAGO)	-20000	
i (Tasa)	0,82%	
n (NPER)	9	
VF	$186.018,36	

Se sugiere escanear el siguiente código QR para ampliar la información:

Ejemplo 2: Una persona deposita $ 96.000 al final de cada mes, durante año y medio. Si la tasa de interés es del 30% capitalizables mensualmente ¿cuánto puede retirar al final?.

VF = ?

A = 96.000

n = 18 meses

i = 0,30 capitalizables mensualmente.

- Convertimos la tasa que es capitalizable mensualmente a efectiva mensual.

$\mathbf{(1+J / m)^{m} = (1 + i)^{n}}$

$(1 + 0,30 /12)^{12} = (1 + i)^{12}$

$(1 + 0,025)^{12} = (1 + i)^{12}$

$1,025 = 1 + i$

$1,025 - 1 = i$

$0,025 = i$ Tasa efectiva mensual 2,5%

- Conociendo la tasa efectiva mensual se puede hallar el valor futuro al final de los 18 meses.

$$VF = A[\ [(1 + i)^{n} - 1] / i]$$

$VF = 96.000[\ [(1 + 0,025)^{18} - 1] / 0,025]$

$VF = 96.000[\ [(1,025)^{18} - 1] / 0,025]$

$VF = 96.000[\ [1,5596 - 1] / 0,025]$

$VF = 96.000\ [\ 22,386]$

VF = 2'149.089 Al final de los 18 meses recibirá $ 2'149.089. **Rta**.

En la calculadora HEWLET PACKARD 19 IIB:

VF = A (A / F; i; n)

VF = 96.000 (A / F; 2.5; 18)

VF = 2'149.089,4760

Ejemplo 3: Una persona deposita al final de cada trimestre $ 360.000 durante 4 años. Si la tasa de interés es del 42% efectiva anual, ¿cuánto recibirá al final?.

F = ?

A = 360.000

n = 4 años (16 trimestres)

i = 42% efectiva anual

- Se convierte la tasa efectiva anual a efectiva trimestral.

$\mathbf{(1 + i)^{n} = (1 + i)^{n}}$

$(1 + i)^4 = (1 + 0{,}42)$

$(1 + i)^4 = (1{,}42)$

$1 + i = \sqrt[4]{1{,}42}$

$i = 1{,}0916 - 1$

$i = 0{,}0916$ Tasa efectiva trimestral (9,16%)

- Conocida la tasa efectiva trimestral, se halla el valor futuro a los 4 años (16 trimestres)

$F = A[\ [(1 + i)^{n} - 1] / i]$

$F = 360.000\ [\ [(1 + 0{,}0916)^{16} - 1] / 0{,}0916]$

$F = 360.000\ [\ [(1{,}0916)^{16} - 1] / 0{,}0916]$

$F = 360.000\ [\ [3{,}0645] / 0{,}0916]$

$F = 360.000\ [\ 33{,}4552]$

F = 12'044.228,68 Valor que recibirá al final de los 4 años. **Respuesta.**

En la calculadora:

F = A(A / F; i; n)

F = 360.000 (A / F; 9.16; 16)

F = ***12'044.228,68***

Ejemplo 4: ¿Cuánto debo depositar al final de cada bimestre en una corporación que paga una tasa de interés del 2,5% efectiva mensual, si dentro de 5 años quiero retirar $ 10'000.000?

F = 10'000.000.

n = 5 años (30 bimestres)

i = 2,5% efectiva mensual

A = ?

- Se convierte la tasa efectiva mensual en efectiva bimestral.

$\mathbf{(1 + i)^{n} = (1 + i)^{n}}$

$(1 + 0{,}025)^{12} = (1 + i)^{6}$

$(1{,}025)^{12} = (1 + i)^{6}$

$(1{,}025)^{2} = 1 + i$

$1{,}050625 - 1 = i$

0,050625 = i Tasa efectiva bimestral

- Conocida la tasa efectiva bimestral, hallamos el valor de las anualidades **A** (cuotas), aplicando la siguiente fórmula:

$$\mathbf{A = F / [\ [(1 + i)^{n} - 1] / i]}$$

$A = 10'000.000 / [\ [(1 + 0{,}050625)^{30} - 1] / 0{,}050625]$

$A = 10'000.000 / [\ [(1{,}050625)^{30} - 1] / 0{,}050625]$

$A = 10'000.000 / [\ [4.399789 - 1] / 0{,}050625]$

$A = 10'000.000 / [\ 3.399789 / 0{,}050625]$

$A = 10'000.000 / [\ 67.15634]$

A = **148.906,26** Valor que debo depositar bimestralmente. **Respuesta.**

En la calculadora:

A = F (F / A; i; n)

A = **10'000.000** (F / A; 5.0625; 30) A = 148.906,26

Ejemplo 5: ¿Cuántos depósitos de $ 620.000 se deben realizar al final de cada trimestre, si se desean retirar $ 8'000.000 de una entidad que reconoce una tasa de interés del 7% efectivo trimestral?

F = 8'000.000

A = 620.000

i = 0,07 efectivo trimestral

n = ?

$$\mathbf{F = A[\ [(1 + i)^{n} - 1] / i]}$$

n = Log [[(F / A) i] + 1] / Log (1 + i)

n = Log [[(8'000.000 / 620.000) 0,07] + 1] / Log (1 +0,07)

n = Log [1,903225807] / Log (1,07)

n = 0,2794903179 / 0,0293837776

n = 9,51

Respuesta: Se deben hacer 9 depósitos de \$ 620.000 y un depósito adicional de (0,51 X 620.000) \$ 316,200

En la calculadora:

- 620.000 en PAGOS; 8'000.000 en VF; 7 en %IA y se pide hallar

N = ***9,5117***

Ejemplo 6: ¿Cuántos depósitos de \$ 120.000 debemos hacer al final de cada mes para completar \$ 4'000.000 si la tasa de interés que se reconoce es del 3% efectivo mensual?

Para resolver el ejercicio, se aplica la fórmula de anualidades, siendo la incógnita el tiempo (***n***)

$$\mathbf{n = Log\ \{\ [\ (F / A) \cdot i] + 1\} / Log\ (1 + i)}$$

F = 4'000.000

A = 120.000

i = 0,03 efectiva mensual

n = ?

n = Log { [(F / A)· i] + 1} / Log (1 + i)

n = Log [[(4'000.000 / 120.000)0,03] + 1] / Log (1 + 0,03)

n = Log [2] / Log (1,03)

n = 0,3010299957 / 0,0128372247

n = **23,45**

Respuesta: Se deben hacer 23 depósitos de $120.000 más uno adicional de (0,45 X 120.000) $54.000.

En la calculadora:

-120.000 en PAGOS; 4'000.000 en VF; 3 en %IA y se pide hallar N = ***23,4498***

Ejemplo 7: Una persona adquiere un carro a crédito pagando 36 cuotas mensuales vencidas de $ 317.000. Si la tasa de interés es del 3,2% efectiva mensual, ¿Cuál es el valor del carro hoy si lo compráramos de contado?

Paso 1:

Se plantea el problema identificando los valores del problema.

A = 317.000

n = 36

i = 0,032

VA = ?

Paso 2:

Se aplica la fórmula para hallar el valor presenta (VA) de una anualidad vencida.

$$\mathbf{VA = A\{[1 - (1 + i)^{-n}] / i\}}$$ [5]

[5] Esta fórmula se utiliza cuando la cuota es vencida.

VA = 317.000 {[1 - (1 + 0.032) $^{-36}$] / 0,032}

VA = 317.000 {[1 - (1,032) $^{-36}$] / 0,032}

VA = 317.000 {[1 – 0,3217591437] / 0,032}

VA = 317.000 {[0,6782408563] / 0,032}

VA = 317.000 {21, 19502676}

VA = **6'718.823,48**

Respuesta: El valor presente del carro es de $ 6'718.823,48

En la calculadora:

P = A (A / P; i; n)

P = 317.000 (A / P; 3.2; 36)

P = ***6'718.823,48***

Ejemplo 8: Una persona adquiere un carro en $ 16'000.000 y da una cuota inicial del 20%. El saldo lo cancela mediante el pago de 36 **cuotas mensuales vencidas.** Si la tasa de interés es del 3,4% efectiva mensual, ¿cuál es el valor de la cuota (A)?.

- Valor del carro: $16'000.000
- Cuota inicial: 20% = $3'200.000
- Saldo: $12'800.000

VA = 12'800.000

n = 36 cuotas mensuales

i = 0,034 efectiva mensual

A = ?

A = VA / {[1 - (1 + i) $^{-n}$] / i}

A = 12'800.000 / {[1 - (1 + 0,034) $^{-36}$] / 0,034}

A = 12'800.000 / {[1 - (1,034) $^{-36}$] / 0,034}

A = 12'800.000 / {[1 – 0,30] / 0,034}

A = 12'800.000 / {0,70 / 0,034}

A = 12'800.000 / 20,58540368

A = 621.800

Respuesta: El valor de cada una de las cuotas mensuales es de **$621.800**

En la calculadora:

A = P (P / A; i; n)

A = 12'800.000; 3.4; 36)

A = ***621.799,8054***

Ejemplo 9: Se adquiere un inmueble en $ 14'000.000. Se da una cuota inicial del 30% y el saldo se paga mediante 36 cuotas mensuales vencidas. La tasa de interés es del 3.3% efectiva mensual. Además se deben pagar 3 cuotas extraordinarias así:

1ª cuota extraordinaria: $ 230.000 en el mes 8

2ª cuota extraordinaria: $ 300.000 en el mes 14

3ª cuota extraordinaria: $ 410.000 en el mes 20

Hallar el valor de la cuota promedio.

- Valor del inmueble: $14'000.000
- Cuota inicial: 30% = $4'200.000
- Saldo: 70% = $9'800.000

VA = 9'800.000

n = 36 meses

i = 0,033 efectiva mensual

A = ?

VA = A{ [1 - (1 + i) $^{-n}$] / i} +1ª CE (1+i) $^{-n}$ + 2ª CE (1+i) $^{-n}$ + 3ª CE (1+i) $^{-n}$

$9'800.000 = A \{ [1 - (1+ 0,033)^{-36}] / 0,033\} + 230.000 (1,033)^{-8}$
$+ 300.000 (1,033)^{-14} +$
$410.000 (1,033)^{-20}$
$9'800.000 = A \{ [1 - (1,033)^{-36}] / 0,033\} + 177.388,41 + 190.421,83$
$+ 214.179,26$
$9'800.000 = A \{ [1 -31] / 0,033\} + 581.989,5$
$9'800.000 = A \{20,9090\} + 581.989,5$
$9'800.000 - 581.990 = A \{20,9090\}$
$9'218.011 = A \{ 20,9090 \}$
$9'218.011 / 20,9090 = A$
A = 441.330,6838 Valor cuota promedio. **Respuesta**

En la calculadora

Se trae a valor presente todas las cuotas extraordinarias:

$P = F (F / P; I; n)$
$P_{14} = 300.000 + 410.000 (F / P; 3.3; 6)$
$P_{14} = 300.000 + 337.428,6292$
$P_{14} = 637.428,6292$ Hoy
$P_8 = 230.000 + 637.428,6292 (F / P; 3.3; 6)$
$P_8 = 230.000 + 524.601,6306$
$P_8 = 754.601,6306$ Hoy
$P_0 = 754.601,6306 (F / P; 3.3; 8)$
$P_0 = 581.989,5239$

Del valor presente inicial se resta el valor presente de las cuotas extraordinarias:

$9'800.000 - 581.989,52 = 9'218.010,47$ Ahora
$A = P (P / A; i; n)$
$A = 9'218.010,4761 (P / A; 3.3; 36)$
A = ***441.330,68***

Ejemplo 10: Se adquiere una máquina por $ 45'000.000. Se da una cuota inicial del 30% y el saldo se pacta a 15 años en cuotas mensuales vencidas a una tasa de interés del 2.3% efectiva mensual. Hallar:

a.) El valor de la cuota mensual ordinaria.

b.) La deuda después de la cuota 120

c.) El total de los intereses pagados hasta el mes 120.

Total deuda: 45'000.000

Cuota inicial: 30% = 13'500.000

Saldo deuda: 31'500.000

a.) Se halla la cuota mensual ordinaria:

VA = 31'500.000

n = 15 años (180 meses)

i = 0,023 efectivo mensual

A = ?

$$VA = A\{[1-(1+i)^{-n}]/i]$$

$31'500.000 = A\{ [1 - (1 + 0,023)^{-180}] / 0,023\}$

$31'500.000 = A\{ [1 - 0,0166872945] / 0,023\}$

$31'500.000 = A\{ 42.7527263 \}$

$31'500.000 / 42.7527263 = A$

A = 736.795 Valor cuota mensual vencida.

En la calculadora:

A = P (P /A; i; n)

A = 31'500.000 (P / A; 2.3; 180

A = 736.795,11

b.)Se halla la deuda después de haber efectuado el pago 108

VA = ?

A = 736.795 mensuales

n = 180 – 120 = **60 meses**

i = 0,023 efectiva mensual

VA = A [[1 - (1 + i) $^{-n}$ **] / i]**

VA = 736.795 [[1 - (1 + 0,023)$^{-60}$] / 0,023]

VA = 736.795 [[1 – 0.2555418163] / 0,023]

VA = 736.795 [32.36774709]

VA = 23'848.394 Valor de la deuda después de haber efectuado el pago 108

En la calculadora:

P = A (A / P; i; n)

P = 736.795 (A / P; 2.3; 60)

P = 23'848.394,23

Es decir que después de 10 años (120 meses) se están debiendo **$23'848.394;**

A capital se ha abonado 31'500.000 – 23'848.394 = **7'651.606**

c.) Se halla el total de intereses pagados hasta el mes 120

736.795 (cuota mensual) * 120 (meses que se han pagado) = 88'415.400 (total pagado)

88'415.400 (Total pagado) - 7'651.606 (Abono a capital) = 80'763.794 Total intereses pagados hasta el mes 120.

Ejemplo 11: Una deuda de $ 8'000.000 se va a pagar en cuotas trimestrales de $650.000 cada una durante tanto tiempo como sea necesario. Si la tasa de interés es del 6.5% efectivo trimestral, determinar el número de pagos trimestrales.

NOTA: Cuando en el problema no se especifica si las cuotas son vencidas o anticipadas, se asume que son vencidas.

VA = 8'000.000

i = 0,065 efectiva trimestral

A = 650.000

n = ?

$VA = A \{ [1 - (1 + i)^{-n}] / i \}$

$8'000.000 = 650.000 \{[1 - (1 + 0,065)^{-n}] / 0,065\}$

$8'000.000 = 650.000 \{ [1 - (1,065^{-n}] / 0,065\}$

$8'000.000 / 650.000= \{[1 - (1,065^{-n}] / 0,065\}$

$12, 30769231 (0,065) = 1 - (1,065)^{-n}$

$0,80 - 1 = -1,065^{-n}$

$-0,20 = -1,065^{-n}$

Se multiplica por –1 a ambos lados de la igualdad.

$(-1) (-0,20) = (-1) (-1,065^{-n}) \; 0,2 = 1,065^{-n}$

Log 0,2 / Log 1,065 = -n

-0,69897 / 0,0273496 = -n

-25,55 = -n

n = 25,55

Respuesta: El número de pagos trimestrales son 25, más un pago adicional de 357.500

En la calculadora:

- 8'000.000 en VA; 650.000 en PAGOS; 6.5 en i y se pide hallar N = **25.5569**

6.2. ANUALIDADES ANTICIPADAS (A)

Son aquellas series de pagos o cobros iguales que se realizan en intervalos regulares de tiempo, pero con la particularidad de que cada pago se efectúa al inicio de cada periodo.

Esto significa que el primer pago se hace en el momento cero, antes de que transcurra el primer periodo. Es común en situaciones donde el proveedor del servicio o producto requiere el pago por adelantado, como por ejemplo:

- Pagos de alquiler o arrendamiento (generalmente se paga al inicio del mes)
- Primas de seguros
- Planes de educación o membresías por adelantado
- Renta vitalicia adelantada

Importancia práctica

- En las anualidades anticipadas, el valor presente es mayor que en las vencidas, porque el dinero se paga antes.
- Este tipo de estructura se utiliza cuando el proveedor asume menos riesgo (ej. arriendos, seguros, membresías).
- Permite planificar ingresos o egresos con antelación.

6.2.1. Fórmulas principales de la anualidad anticipada

Para convertir una anualidad anticipada en valor presente o futuro, partimos de las fórmulas de anualidad vencida y las ajustamos multiplicando por $(1 + i)$, ya que todos los pagos se trasladan un periodo hacia atrás:

Valor futuro de una anualidad anticipada:

$$VF = R \cdot \frac{(1+i)^n - 1}{i} \cdot (1+i)$$

Valor actual de una anualidad anticipada:

$$VA = R \cdot \frac{1-(1+i)^{-n}}{i} \cdot (1+i)$$

6.2.2. Cuadro comparativo entre anualidades vencidas y anualidades anticipadas

Característica	Anualidad anticipada	Anualidad vencida
Momento del pago	Al inicio de cada periodo	Al final de cada periodo
Capitalización	Cada pago capitaliza un periodo más	Un pago menos capitalizado
Valor futuro y presente	Más alto (por capitalización adicional)	Más bajo

Ejemplo 1: Si se compran muebles por $ 13'000.000 para pagarlos en 36 cuotas mensuales anticipadas, con una tasa de interés del 3% efectiva mensual, hallar el valor de las cuotas.

VA = 13'000.000

n = 36 meses

i = 0,03 efectiva mensual

A = ?

Fórmula:

$$VA = A \text{ ó } R \{ [1 - (1+i)^{-n}] / i \} (1+i)^{1}$$ [6]

[6] Fórmula a utilizar cuando las cuotas son anticipadas

$13'000.000 = A \{ [1 - (1 + 0{,}03)^{-36}] / 0{,}03 \} (1 + 0{,}03)^{1}$

$13'000.000 = A \{[1 - 0{,}345] / 0{,}03 \} (1{,}03)$

$13'000.000 = A \{ 21{,}833333 \} (1{,}03)$

$13'000.000 = A \{22{,}48833\}$

$13'000.000 / 22{,}48833 = A$

$13'000.000 / 22{,}48833 = A$

A = 578.078 Valor cuota mensual anticipada. **Respuesta.**

Normalmente, cuando se adquieren inmuebles a crédito, la deuda se pacta a largo plazo y con cuotas anticipadas. Veamos algunos ejemplos y qué tan favorable o desfavorable es este tipo de financiación.

Ejemplo 2: Se adquiere una deuda de $ 22'000.000 para pagarla a 20 años mediante **cuotas mensuales anticipadas** , con una tasa de interés del 2,3% efectiva mensual. a.) Hallar el valor de la cuota. b.) Hallar el monto total pagado al final de los 20 años.

VA = 22'000.000

n = 20 años (240 meses)

i = 0,023 efectiva mensual

A = ?

Fórmula:

$$VA = A \{[1 - (1 + i)^{-n}] / i\} (1 + I)^{1}$$

$22'000.000 = A \{ [1 - (1 + 0{,}023)^{-240}] / 0{,}023\} (1 + 0{,}023)^{1}$

$22'000.000 = A \{ [1 - 0{,}0042643] / 0{,}023\} (1{,}023)$

$22'000.000 = A \{ 43.29285652 \} (1{,}023)$

$22'000.000 = A \{ 44.28859222 \}$

$22'000.000 / 44.28859222 = A$

a.) A = $496.741,91 Valor cuota mensual anticipada. **Respuesta.**

b.) 240 meses * $496.741,91 = $119'218.059 Pago total

Ejemplo 3: Resolver el problema anterior con un **n** igual a 15 años.

VA = 22'000.000

n = 15 años (180 meses)

i = 0,023 efectiva mensual

A = ?

$VA = A\ \{[1 - (1 + i)^{-n}] / i\ ]\ (1 + I)^{1}$

$22'000.000 = A\ \{\ [\ 1 - (1 + 0{,}023)^{-180}\ ] / 0{,}023\ \}\ (\ 1 + 0{,}023\ )^{1}$

$22'000.000 = A\ \{[\ 1 - 0{,}0166872945\ ] / 0{,}023\ \}\ (\ 1{,}023\ )$

$22'000.000 = A\ \{\ 42.7527263\ \}\ (\ 1{,}023)$

$22'000.000 = A\ \{\ 43.736039\ \}$

$22'000.000 / 43.736039 = A$

a.) A = 503.017,66 Valor cuota mensual anticipada. **Respuesta.**

b.) 180 meses * 503.017,66 = 90'543.179 Pago total

Ejemplo 4: Resuelva el problema anterior con un n igual a 10 años

VA = 22'000.000

n = 10 años (120 meses)

i = 0,023 efectiva mensual

A = ?

$VA = A\ \{\ [1 - (1 + i)^{-n}] / i\}\ (\ 1 + I)^{1}$

$22'000.000 = A\ [\ [\ 1 - (1 + 0{,}023)^{-120}\ ] / 0{,}023\ ]\ (\ 1 + 0{,}023)^{1}$

$22'000.000 = A\ [\ [\ 1 - 0{,}0653016198\ ] / 0{,}023\ ]\ (\ 1{,}023)$

$22'000.000 = A\ [\ 40.63906\ ]\ (\ 1{,}023)$

$22'000.000 = A\ [\ 41.57375838\ ]$

$22'000.000 / 41.57375838 = A$

a.) **A = 29.180** Valor cuota mensual anticipada. **Respuesta.**

b.) 120 meses * 529.180 = 63'501.600 **Pago total**

Como se puede observar, pagando $ 32.438 cada mes, en 10 años se ahorra $ 55'716.595

Ejemplo 5: Se compra un apartamento en $ 250'000.000 para pagarlo mediante 180 cuotas mensuales anticipadas , con una tasa de interés del 2% efectivo mensual, hallar:

a.) La cuota ordinaria.

b.) La deuda después de haber efectuado el pago 108

c.) El total de intereses pagados hasta el mes 108.

Se halla la cuota ordinaria.

VA = 250'000.000

n = 15 años (180 meses)

i = 0,02 efectiva mensual

A = ?

Fórmula:

$$\mathbf{VA = A \{ [1 - (1 + i)^{-n}] / i] (1 + I)^{1}}$$

$250'000.000 = A \{ [1 - (1 + 0,02)^{-180}] / 0,02\} (1 + 0,02)^{1}$

$250'000.000 = A \{ [1 - 0,0283119043] / 0,02\} (1,02)$

$250'000.000 = A \{48.58440475 \} (1,02)$

$250'000.000 = A \{ 49.55609285 \}$

$250'000.000 / 49.55609285 = A$

a.) **A = 5.044.788** Valor cuota mensual anticipada. **Respuesta.**

b.) Se halla la deuda después de haber efectuado el pago 108

VA = ?

A = 504.479 mensuales

n = 180 – 108 = **72 meses**

i = 0,02 efectiva mensual

$$VA = A \{ [1 - (1 + i)^{-n}] / i \}$$

$$VA = 504.479 \{ [1 - (1 + 0,02)^{-72}] / 0,02\}$$

$$VA = 504.479 \{ [1 - 0,2403187371] / 0,02\}$$

$$VA = 504.479 \{ 37.9840631 \}$$

$$VA = 19'162.162$$

Es decir que después de 9 años (108 meses) se están debiendo **$19'162.162;**

A capital se ha abonado 25'000.000 – 19'162.162 = **5'837.838**

c.) Se halla el total de intereses pagados hasta el mes 108

504.479 * 108 = 54'483.732

54'483.732 - 5'837.838 de abono a capital = **48'645.894** Total intereses pagados hasta el mes 108.

6.3. ANUALIDADES EQUIVALENTES (A)

Las anualidades equivalentes son aquellas que, a pesar de tener diferentes montos o frecuencias de pago, generan el mismo valor presente (VA) o el mismo valor futuro (VF) bajo una misma tasa de interés y periodo de equivalencia.

Esto significa que dos anualidades son equivalentes si su impacto financiero es igual desde el punto de vista del valor del dinero en el tiempo.

Para que dos anualidades sean equivalentes, deben tener el mismo valor presente o el mismo valor futuro, calculado con la tasa de interés correspondiente al periodo de capitalización.

Entonces, dos anualidades son equivalentes si:

$VA_1 = VA_2$ o $VF_1 = VF_2$

Donde cada valor se calcula con las fórmulas correspondientes a anualidades vencidas o anticipadas:

- Para anualidades vencidas:

$$VA = R \cdot \frac{1-(1+i)^{-n}}{i} \quad \text{y} \quad VF = R \cdot \frac{(1+i)^n - 1}{i}$$

- Para anualidades anticipadas: Se multiplica el resultado por $(1 + i)$

¿Para qué sirve el concepto de equivalencia?

Permite comparar y reemplazar series de pagos diferentes entre sí, respondiendo preguntas como:

- ¿Puedo pagar menos al mes si hago pagos más frecuentes?
- ¿Qué opción me conviene más: una cuota mensual o trimestral?

- ¿Cómo transformar una renta anual en una mensual equivalente?

Claves de interpretación

- La equivalencia no depende sólo del valor nominal de las cuotas, sino también de la frecuencia de pago, la tasa aplicada y el tiempo de duración.
- Se utiliza para tomar decisiones más racionales al comparar préstamos, inversiones o planes de ahorro.

Ejemplo 1: Una persona se compromete a pagar $ 670.000 al final de cada trimestre durante 5 años, a una tasa de interés del 8% efectiva trimestral. Posteriormente, esta obligación se sustituye por cuotas mensuales durante el mismo tiempo (cuotas equivalentes). Hallar las cuotas.

- Se halla el valor de la deuda.

VA = ?
A = 670.000 trimestrales
n = 5 años (20 trimestres)
i = 0,08 efectiva trimestral

$$\boldsymbol{VA = A\{ [1 - (1 + i)^{-n}] / i \}}$$

$$VA = 670.000 \{ [1 - (1 + 0{,}08)^{-20}] / 0{,}08 \}$$

$$VA = 670.000 \{ [1 - (1{,}08)^{-20}] / 0{,}08 \}$$

$$VA = 670.000 \{ [1 - 0{,}2145482074] / 0{,}08 \}$$

$$VA = 670.000 \{9{,}818147408 \}$$

$$VA = 6'578.159$$

- Se hace la conversión de la tasa efectiva trimestral a efectiva mensual.

$(1 + i)^{n} = (1 + i)^{n}$

$(1{,}08)^{4} = (1 + i)^{12}$

$(1{,}08) = (1 + i)^{3}$

$\sqrt[3]{1{,}08} = 1 + i$

$1{,}0259 - 1 = i$

0,0259 = i Tasa efectiva mensual

- Conocida la tasa efectiva mensual se puede hallar el valor de la cuota mensual.

VA = 6'578.159

n = 60 meses

i = 0,0259 efectivo mensual

A = ?

VA = A { [1 - (1 + i) $^{-n}$ ***] / i }***

$6'578.159 = A \{ [1 - (1 + 0{,}0259)^{-60}] / 0{,}0259 \}$

6'578.159 = A { [1 – 0,2156245525] / 0,0259 }

6'578.159 = A { 30,28476631 }

6'578.159 / 30,28476631 = A

217.210 = A (Valor cuota mensual)

Ejemplo 2: Una deuda de $ 10'000.000 se va a pagar mediante cuotas mensuales de $470.000 cada una. Si la tasa de interés es del 3% efectiva mensual, se pide:

- Hallar el número de pagos mensuales
- Hallar el valor de un pago adicional, realizado conjuntamente con el último pago de $470.000.

- Se halla el número de pagos mensuales

VA = 10'000.000

A = 470.000

i = 0,03 efectivo mensual

n = ?

$VA = A \{ [1 - (1 + i)^{-n}] / i \}$

$10'000.000 = 470.000 \{ [1 - (1 + 0,03)^{-n}] / 0,03 \}$

$10'000.000 = 470.000 \{ [1 - (1,03)^{-n}] / 0,03 \}$

$(10'000.000 / 470.000) (0,03) = 1 - (1,03)^{-n}$

$0,63829787 - 1 = - (1,03)^{-n}$

$- 0,361702127 = - (1,03)^{-n}$

- Se multiplica por –1 a ambos lados de la igualdad

  $(-1)(- 0,361702127) = (-1) (- (1,03)^{-n})$

  $0,361702127 = 1,03^{-n}$

- Para despejar n se saca logaritmo a ambos lados de la igualdad

Log 0,361702127 / **Log** 1,03 = - n

- 0,441648937 / 0,0128372247 = - n

- 34,4 = - n

n = **34,4** Número de pagos mensuales, (34 meses y 12 días)

- Conocido el número de pagos mensuales, se halla el valor de la cuota extraordinaria.

$VA = A\{ [1 - (1 + i)^{-n}] / i\} + C.E [(1 + i)^{-n}]$

$10'000.000 = 470.000 \{ [1 - (1 + 0,03)^{-34}] / 0,03 \} + C.E [(1 + 0,03)^{-34}]$

10'000.000 = 470.000 { 21,13183667 } + C.E [0,3660448997]

10'000.000 = 9'931.963 + C.E. (0,3660448997)

(10'000.000 - 9'931.963) / 0,3660448997 = C.E.

185.871 = C.E. **Respuesta.**

Ejemplo 3: Cuando cumple 10 años una persona decide abrir un depósito para que pueda hacer frente a los estudios universitarios. Se supone que cuando tenga 17 años ingresará a la universidad. El valor de cada uno de los 10 semestres es de 1'400.000 cuota anticipada. La tasa de interés es del 3% efectiva mensual. ¿Cuál es el valor del depósito cuando cumpla los 10 años?

- Se convierte la lasa efectiva mensual en efectiva semestral.

$(1 + i)^{n} = (1 + i)^{n}$

$(1 + 0{,}03)^{12} = (1 + i)^{2}$

$(1{,}03)^{6} = 1 + i$

$1{,}194 - 1 = i$

0,194 $= i$ Tasa efectiva semestral

- Gráficamente el problema se plantea de la siguiente forma:

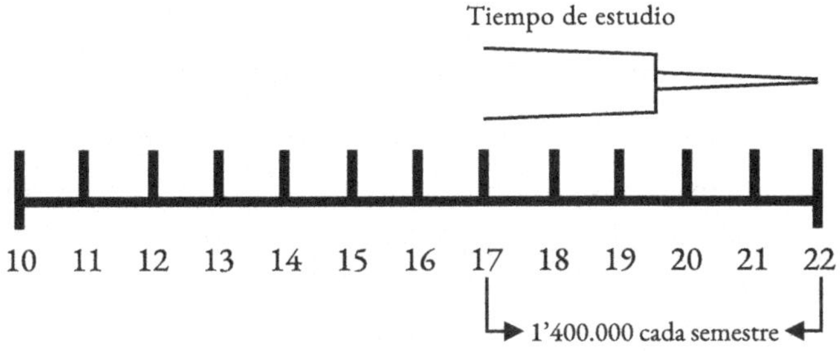

Se debe traer a valor presente los pagos efectuados durante el tiempo de estudio, incluyendo el tiempo transcurrido entre la fecha en que cumple los 10 años y la edad en que inicia los estudios (a los 17 años).

Se debe tener en cuenta que las cuotas son **anticipadas**.

$$VA = A\{ [1 - (1 + i)^{-n}] / i\} (1 + i)^{1} (1 + i)^{-n}$$

$$VA = 1'400.000\{ [1 - (1 + 0{,}194)^{-10}] / 0{,}194\} (1 + 0{,}194)^{1} (1 + 0{,}194)^{-14}$$

VA = 1'400.000{ [1 – 0,16980744] / 0,194} (1,194) (0,0835486477)

VA = 1'400.000 { 0,83 / 0,194} (1,194) (0,0835486477)

VA = 1'400.000{4,279343093} (1,194) (0,0835486477)

VA = 597.653 Valor del depósito al cumplir los 10 años.

Ejemplo 4: Una persona hace depósitos anuales, empezando en 2025 y terminando en 2033, para poder hacer frente a 12 pagos semestrales de 1'700.000 c/u, que se inician en 2025. Si la tasa de interés es del 6,7% efectiva trimestral, hallar el valor de los depósitos.

- Se hace la conversión de efectivo trimestral a efectivo anual, para los depósitos anuales.

$(1 + i)^n = (1 + i)^n$

$(1 + 067)^4 = (1 + i)^1$

$(1, 067)^4 = 1 + i$

1,296157203 – 1 = i

i = 0,296157203 Tasa efectiva anual, para los depósitos anuales.

- Se convierte la tasa efectiva trimestral a efectiva semestral, para los pagos semestrales.

$(1 + i)^n = (1 + i)^n$

$(1 + 067)^4 = (1 + i)^2$

$(1, 067)^2 = 1 + i$

1,138489 – 1 = i

i = 0,138489 Tasa efectiva semestral, para los pagos semestrales.

- Se debe tener en cuenta que se van a hacer **depósitos** y se van a efectuar **pagos.**

Pagos = Valor presente

Depósitos = Valor futuro

$$VF = A\ [\ [(1 + i)^{n} - 1\ ] / i\ ]$$
$$VA = A\ [\ [1 - (1 + i)^{-n}\ ] / i\ ]$$

- También se debe tener en cuenta que los pagos deben ser iguales a los depósitos, por tanto se debe establecer la ecuación.

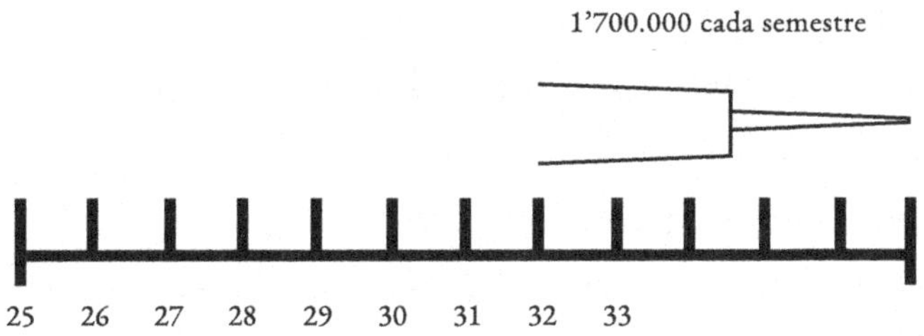

F	=	P
1'700.000 cada semestre	=	$A\ [\ [\ 1 - (1 + i)^{-n}\ ]\ / i\ ]$
$A\ \{\ [\ (1 + 0{,}2961\ i)^{9} - 1]\ / \ 0{,}2961\ \}$	=	$1'700.000\ [[\ 1 - (1 + 0{,}1384)^{-12}\ ] / 0{,}1384\ ]$
A { 31,48122188]	=	1'700.000[5,7 }
A { 31,48122188 }	=	9'690.000

A= 9'690.000 / 31,48122188

A= 307.803

Respuesta: La persona debe hacer 9 depósitos de $ 307.803 c/u

6.4. RENTA PERPETUA

Una renta perpetua es una serie de pagos periódicos iguales y constantes en el tiempo que se extienden de forma indefinida, es decir, no tienen fecha de finalización.

Se trata de un tipo especial de anualidad donde la duración es infinita, lo cual implica que no existe un número finito de periodos. A pesar de su carácter teórico, la renta perpetua se usa frecuentemente en modelos financieros de valuación de activos, pensiones, bonos perpetuos y proyectos sin horizonte de finalización definido.

En la renta perpetua se sabe cuándo empieza la anualidad pero no cuándo termina. Es el caso por ejemplo de los seguros de vida, de las pensiones, si no se reajustan anualmente.

El modelo de renta perpetua permite:

- Valorar ciertos activos financieros como bonos sin vencimiento.
- Calcular el valor presente de ingresos constantes indefinidos.
- Estimar precios de acciones con dividendos constantes.
- Analizar la sostenibilidad de flujos de efectivo perpetuos.

De lo que se trata es saber cuánto se debe depositar para poder hacer retiros posteriores.

La renta perpetua tiene las siguientes características:

Característica	Descripción
Duración infinita	Los pagos continúan sin fecha de término.
Cuotas constantes	El valor del pago periódico es siempre el mismo.
Valor presente finito	Aunque dura para siempre, su valor presente es finito si hay una tasa positiva.
No hay valor futuro definido	Por no tener término, no se calcula un valor futuro total.

La renta perpetua puede ser vencida o anticipada.

- La fórmula básica para calcular el valor presente (**VA**) de una renta perpetua vencida es:

$$VA = A / i$$

- La fórmula básica para calcular el valor presente (**VA**) de una renta perpetua anticipada es:

$$VA = A / i \cdot (1 + i)$$

Donde:
A: valor de cada renta periódica
i: tasa de interés por periodo (en decimal)
VA: valor presente de la renta perpetua

Ejemplo 1: Si una persona quiere retirar $ 1´250.000 mensuales, ¿Cuánto debe tener en provisión en un Fondo, si la tasa de interés que reconoce es del 1.2%?

- Si la tasa es vencida:

VA = ?
A = 1´250.000
i = 0,012
$VA = A / i$
VA = 1´250.000 / 0.012
VA = ***104´166.667***
Respuesta: Si la renta es vencida, el Fondo debe tener en provisión $ 104´166.667.

- Si la tasa es anticipada:

VA = ?
A = 1´250.000
i = 0,012

$VA = A / i (1 + i)^1$

$VA = 1'250.000 / 0.012 (1{,}012)$

$VA = \mathbf{105'416.667}$

Respuesta: Si la renta es anticipada, el Fondo debe tener en provisión $ 105´416.667

Ejemplo 2: Una persona ahorra, durante los 8 primeros meses, $ 70.000, al final de cada mes; del mes 9 al 17, ahorra $120.000; del mes 18 al 32, ahorra $ 135.000.

¿Cuánto puede retirar a partir del mes 33, si la tasa de interés es del 3,6% efectiva mensual?

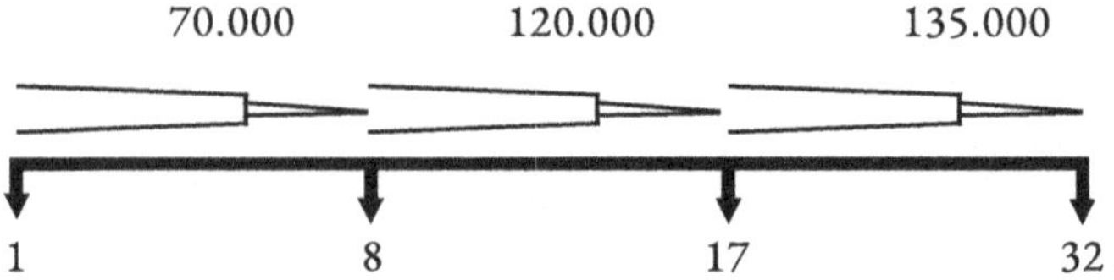

- Se halla el valor futuro de los $ 70.000 al mes 32

$F = A\{ [(1 + i)^n - 1] / i \} (1 + i)^n$

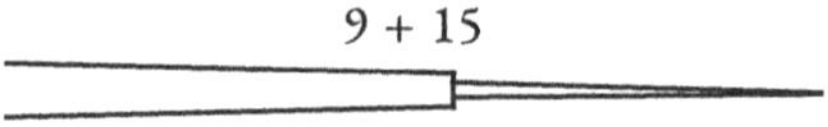

$\mathbf{VF} = 70.000 \{ [(1{,}036)^8 - 1] / 0{,}036\} (1{,}036)^{24}$

$\mathbf{VF} = 70.000 \{ [1{,}327 - 1] / 0{,}036\} (2{,}33687721)$

$\mathbf{VF} = 70.000 \{ 0{,}327 / 0{,}036 \} (2{,}33687721)$

$\mathbf{VF} = 70.000 \{ 9 \} (2{,}33687721)$

$\mathbf{VF} = \mathbf{1'485.864}$

- Se halla el valor futuro de los 120.000 al mes 32

$VF = A \{ [(1 + i)^n - 1] / i] (1 + i)^n$

$\mathbf{VF} = 120.000 \{ [(1{,}036)^9 - 1] / 0{,}036\} (1{,}036)^{15}$

VF = 120.000 { [0,37479454] / 0,036} (1,699794154)

VF = 120.000 { 10.41} (1,699794154)

VF = 120.000 { [10.41} (1,699794154)

VF = 2'123.383

- Se halla el valor futuro de los 135.000 al mes 32

VF = A{ [(1 + i) ^{n} - 1] / i}

VF = 135.000 { [(1 + 0,036) ^{15} - 1] / 0,036 }

VF = 135.000 { [(1,036) ^{15} - 1] / 0,036 }

VF = 135.000 { [(1.699794154 - 1] / 0,036 }

VF = 135.000 { [0,699794154] / 0,036 }

VF = 94.472,20 / 0,036}

VF = 2'624.228

Se suman los tres valores

1'485.864 + 2'123.383 + 2'624.228 = 6'233.475

Conociendo cuánto se tiene en el Fondo de provisión, se puede saber el monto que retiraría la persona mensualmente a partir del mes 33.

VA = 6'233.475

A = ?

i = 0,036

VA = A / i

Se despeja A

A = VA · i

A = 6'233.475 (0,036)

A = 224.405

La persona puede retirar a partir del mes 33 la suma mensual de $224.405, indefinidamente.

PARA TENER EN CUENTA

Comprar a crédito para pagar mediante cuotas **vencidas** y empezar a pagar **DENTRO DE...,** por ejemplo, dentro de 3 meses, es decir, a los 3 meses, como es **vencida**, la anualidad empieza un mes antes.

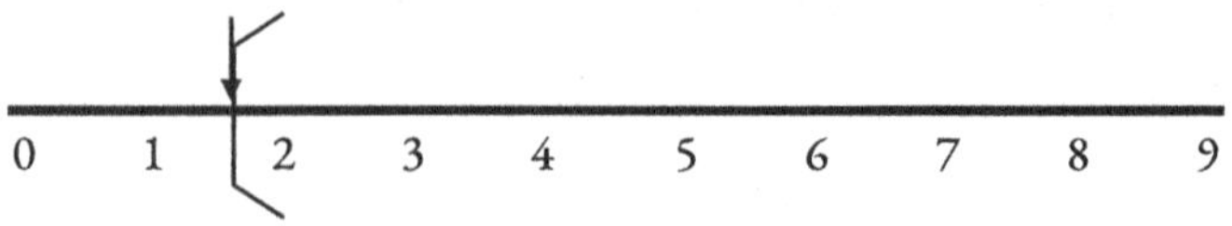

Comprar a crédito para pagar mediante cuotas **vencidas**, y empezar a pagar **TRANSCURRIDOS ...,** por ejemplo 3 meses, como es vencida, se empieza a pagar un mes después.

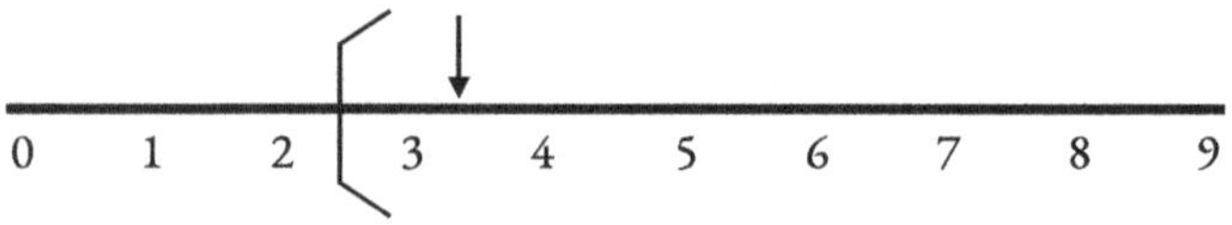

Comprar a crédito para pagar mediante cuotas **anticipadas**, y el primer pago se hace **DENTRO DE...,** por ejemplo, 3 meses, como es anticipada, el pago empieza en 3º mes.

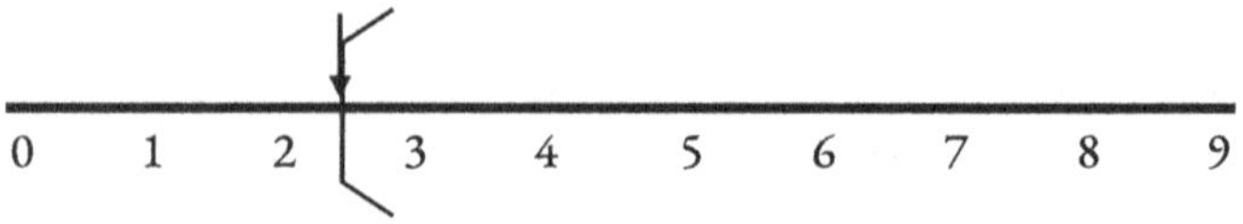

Comprar a crédito para pagar mediante cuotas **anticipadas**, y el primer pago se hace **TRANSCURRIDOS ...,** por ejemplo, 3 meses, pero como es anticipada, empieza a pagarse en el 4º mes.

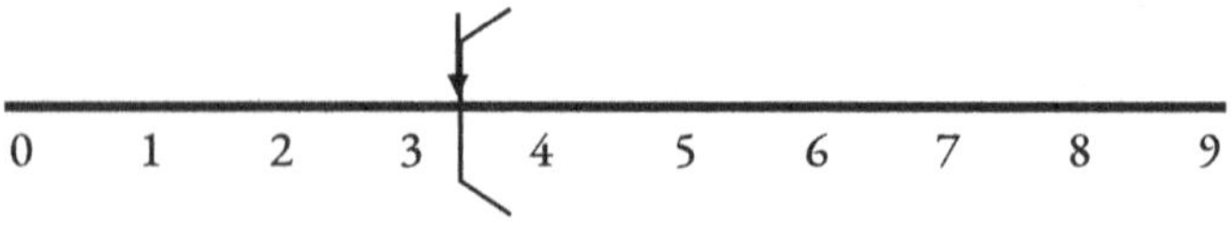

Ejemplo 3: Se compra un carro por \$ 13´000.000 para pagarlo mediante cuotas mensuales, durante 3 años. Si la tasa de interés es del 2.7% efectiva mensual y la 1ª cuota se va a pagar DENTRO DE 3 meses, hallar el valor de la cuota.

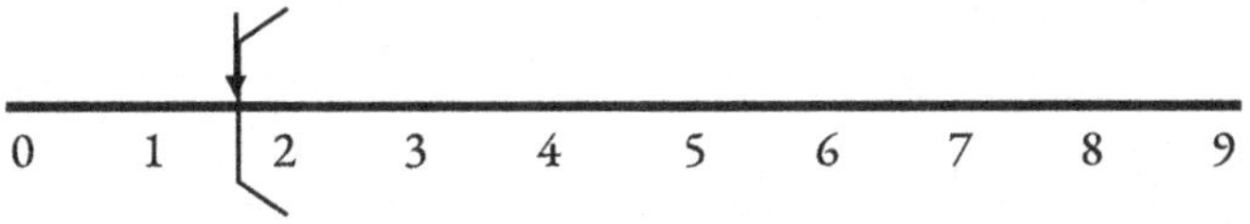

VA = 13´000.000

A = ?

i = 0,027 efectiva mensual

n = 36 meses

Tiempo transcurrido entre 0 y la fecha en que se empieza a pagar, en este caso es -2

$$VA = A\,\{\,[1 - (1 + i)^{-n}\,] / i\}\,(1 + i\,)^{-n}$$

$13'000.000 = A\,\{\,[1 - (1{,}027)^{-36}\,] / 0{,}027\,\}\,(1{,}027\,)^{-2}$

$13'000.000 = A\,\{\,[1 - \mathbf{0{,}3832}\,] / 0{,}027\,\}\,\mathbf{0{,}9481}$

$\mathbf{13'000.000 = A\,\{\,0{,}6168 / 0{,}027\,\}\,0{,}9481}$

$13'000.000 = A\,\{\,22{,}843185524\,\}\,(0{,}9481)$

$13'000.000 = A\,\{\,21{,}65787185\,\}$

$13'000.000 / 21{,}65787185 = A$

600.244 = **A** Valor cuota mensual.

Ejemplo 4: Se compra un carro por \$ 14´000.000, para pagarlo mediante cuotas mensuales **anticipadas** durante dos años y medio. Si la tasa de interés es del 15% efectivo anual, y el primer pago se realiza **transcurridos** 4 meses, hallar la cuota mensual.

- Se hace la conversión de la tasa efectiva anual a efectiva mensual.

$(1 + i)^n = (1 + i)^n$

$(1{,}15)^1 = (1 + i)^{12}$

$\sqrt[12]{1{,}15} = 1 + i$ $1{,}01171 - 1 = i$

0, 01171 = i Tasa efectiva mensual.

- Se halla el valor de la cuota mensual

VA = 14'000.000

A = ?

i = 0, 01171 efectiva mensual

n = 30 meses

Tiempo transcurrido entre 0 y la fecha en que se empieza a pagar, en este caso es -5

$$VA = A[\,[1 - (1 + i)^{-n}\,] / i\,]\,(1 + i)^n\,(1 + i)^{-n}$$

Por ser cuota anticipada

$14'000.000 = A[\,[1 - (1{,}01171)^{-30}\,] / 0{,}01171\,]\,(1{,}01171)^1\,(1{,}01171)^{-5}$

$14'000.000 = A[\,[1 – 0{,}705\,] / 0{,}01171\,]\,(1{,}01171)\,(0{,}9434)$

$14'000.000 = A[\,[0{,}295\,] / 0{,}01171\,]\,(0{,}9545)$

$14'000.000 = A[\,25.192]\,(0{,}9545)$

$14'000.000 = A[\,25.192]\,(0{,}9545)$

$14'000.000 = A[24{,}04]$

$14'000.000 / 24{,}04 = A$

582.363 = A Valor cuota mensual.

6.5. EJERCICIOS RESUELTOS DE PRÁCTICA

1. Se compra una casa por $ 47'000.000 de acuerdo a las siguientes condiciones:
   - Cuota inicial del 20%
   - Saldo a 15 años mediante cuotas mensuales **anticipadas**, con una tasa de interés del 47,6% efectiva anual. Se pide:

a. Hallar la cuota,
b. Determinar la deuda después de haber efectuado el pago 119
c. Hallar el total de intereses pagados hasta el mes 119.

- Se hace la conversión de tasa efectiva anual a tasa efectiva mensual.

$(1 + i)^{n} = (1 + i)^{n}$

$(1{,}476)^{1} = (1 + i)^{12}$

$\sqrt[12]{1{,}476} = 1 + i$

$1{,}0329 - 1 = i$

$0{,}0329 = i$ Tasa efectiva mensual.

a) Se halla el valor de la cuota mensual

Deuda = 47'000.000

Cuota inicial 20% = 9'400.000

VA = 37'6000.000

A = ?

i = 0,0329 efectiva mensual

n = 180 meses

$VA = A[\,[1 - (1 + i)^{-n}\,] / i]\,(1 + i)^{n}$ → Por ser cuota anticipada

$37'600.000 = A\,\{\,[1 - (1{,}0329)^{-180}\,] / 0{,}0329\,\}\,(1{,}0329)$

$37'600.000 = A\,\{\,30{,}30553551\,\}\,(1{,}0329)$

$37'600.000 = A\,\{\,31{,}30258763\,\}$

$37'600.000 / 31{,}30258763 = A$

1'201.179 = **A** Valor cuota mensual.

b) Se determina la deuda después de haber efectuado el pago 119.

VA = ?

A = 1´201.179

i = 0,0329 efectiva mensual

n = 61

$VA = A \{ [1 - (1 + i)^{-n}] / i \} (1 + i)^{n}$

$VA = 1'201.179 \{ [1 - (1 + 0{,}0329)^{-61}] / 0{,}0329 \} (1 + 0{,}0329)^{1}$

$VA = 1'201.179 \{ 26.17575154 \} (1{,}0329)$

VA = 32´476.197

c) Se halla el total de intereses pagados hasta el mes 119

- En los 119 meses ha pagado 142´940.301
- A capital ha abonado 37´600.000 – 32´476.197 = 5´123.803
- De intereses ha pagado 142´940.301 - 5´123.803 = 137´816.498

  Total intereses pagados hasta el mes 119 = 137´816.498

2) Se compra un carro por 14´000.000 para pagarlo mediante cuotas mensuales anticipadas durante 3 años, con una tasa de interés del 18% efectiva semestral. Si la 1ª cuota se paga DENTRO DE 5 meses, se pide determinar la cuota mensual.

- Se convierte la tasa efectiva semestral a efectiva mensual.

$(1 + i)^{n} = (1 + i)^{n}$

$(1{,}18)^{2} = (1 + i)^{12}$

$(1{,}18) = (1 + i)^{6}$

$\sqrt[6]{1{,}18} = 1 + i$

$\sqrt[6]{1{,}18} - 1 = i$

1,027969749 -1 = i

0,028 = i efectiva mensual

- Se halla la cuota mensual

VA = 14'000.000

A = ?

i = 0, 028 efectiva mensual

n = 36 meses

$$VA = A \{ [1 - (1 + i)^{-n}] / i \} (1 + i)^{1} (1 + i)^{-n}$$

$14'000.000 = A \{ [1 - (1{,}028)^{-36}] / 0{,}028 \} (\mathbf{1{,}028})^{1} (1{,}028)^{-5}$

$14'000.000 / 20.14572746 = A$

A = \$ 649.936 cuota mensual

3) Una deuda de 12'000.000 se va apagar durante 5 años, mediante cuotas mensuales anticipadas de \$A c/u y cuotas extraordinarias cada 3 meses de 2,6 veces la cuota mensual. Si la tasa de interés es del 7% Efectiva trimestral, determinar el valor de las cuotas ordinarias y extraordinarias.

a) Se hace la conversión de tasa efectiva trimestral a efectiva mensual.

$(1 + i)^{n} = (1 + i)^{n}$

$(1{,}07)^{4} = (1 + i)^{12}$

$(1{,}07) = (1 + i)^{3}$

$\sqrt[3]{1{,}07} - 1 = i$

$1{,}023 - 1 = i$

0,023 = Tasa efectiva mensual

0,07 = Tasa efectiva trimestral (para las cuotas extraordinarias)

b) Se determina cuántos trimestres hay en 5 años y tenemos que son 20 trimestres (5 X 4), dado que las cuotas extraordinarias son trimestrales.

VA = 12´000.000

A = ?

i = 0, 023 efectiva mensual

n = 60 meses

i = 0, 07 efectiva trimestral.

$$VA = A \{ [1 - (1 + i)^{-n}] / i] (1 + I)^{1} + 2{,}6 A [[1 - (1 + i)^{-n}] / i]$$

$12´000.000 = A \{ [1 - (1{,}023)^{-60}] / 0{,}023 \} (1{,}023)^{1} + 2{,}6 A [[1 - (1{,}07)^{-20}] / 0{,}07]$

12´000.000 = A { 33,1122053 } + 2,6 A [10,59401425]

12´000.000 = A { 33,1122053 } + A [27,54443705]

12´000.000 = A { 60,65664235 }

12´000.000 / 60,65664235 = A

A = 197.835 Valor cuota mensual.

Como las cuotas extraordinarias trimestrales son 2.6 A, se reemplaza A

2,6 A = 2,6 (197.835) = 514.371 Valor de c/u de las cuotas extraordinarias

4) Una persona compró un activo hace 4 años; hoy ha sido avaluado en $ 15

´000.000. El activo se compró a un plazo de 180 meses con una tasa de interés del 2% mensual. Actualmente se tiene una deuda de $ 11´000.000. Si la cuota inicial fue del 20%, determine:

a) ¿Cuánto costó el activo?

b) ¿Cuál fue la tasa de valorización anual?

Se debe tener en cuenta que si se compró el activo hace 4 años, entonces se han pagado 48 meses y faltan por pagar 132 meses (**n**)

VA = 11´000.000

A = ?

i = 0,02 efectivo mensual

n = 132 meses

$$VA = A \{ [1 - (1 + i)^{-n}] / i \}$$

$$11'000.000 = A \{ [1 - (1,02)^{-132}] / 0,02 \}$$

11´000.000 / 46,33775553 = A A = 237.387

Conocido el valor de la cuota (***A***), se puede hallar el valor de la compra inicial del activo correspondiente al 80% del valor total (***VA***).

VA = ?

A = 237.387

i = 0,02 efectivo mensual

n = 180 meses

$$VA = A \{ [1 - (1 + i)^{-n}] / i]$$

$$VA = 237387 \{ [1 - (1,020)^{-180}] / 0,20 \}$$

VA = 11´533.306 Valor compra inicial (80%).

Conocido el 80% del valor del activo, se puede hallar el 100%, planteando una regla de tres simple.

11´533.306-------------------80%

X-------------------------------100%

(11´533.306 x 100) / 80 = 14´416.632,63

- **El activo costó $ 14´416.633**

Para hallar la tasa de valorización (i) se puede hacer el siguiente planteamiento:

Si se depositan hoy $ 14´416.633 y en 4 años se retiran $ 15.000.000, ¿Qué tasa de interés se obtuvo?

VF = 15´000.000

VA = 14´416.633

n = 4 años

i = ?

$$VF = VA\,(1 + i)^{n}$$

$i = \sqrt[n]{P / C} - 1$

$i = (\sqrt[4]{15'000.000 / 14'416.633}) - 1$

$i = (\sqrt[4]{1{,}040464858}) - 1$

$i = 1{,}009966233 - 1$

$i = 0{,}099$

Respuesta: La tasa de valorización fue del 9,9% anual

CAPÍTULO 7

SERIES VARIABLES

Las series variables, en matemática financiera, son flujos de efectivo compuestos por pagos o ingresos periódicos que no son constantes, es decir, cambian de valor en cada periodo.

A diferencia de las anualidades uniformes, donde cada cuota es igual, en las series variables los montos pueden aumentar, disminuir o cambiar sin patrón aparente. Pueden crecer o decrecer en progresión aritmética o geométrica. En el campo financiero, la progresión es geométrica.

Este tipo de series se presenta frecuentemente en situaciones reales como:

- Proyectos con ingresos crecientes o decrecientes

- Planes de pago escalonados
- Ajustes anuales por inflación o productividad
- Inversiones con flujos de caja irregulares

Manejar correctamente estas series permite evaluar con precisión el **valor actual o futuro** de flujos financieros complejos.

Recomendaciones para resolver series variables

- Si los flujos no siguen un patrón, descontar uno por uno.
- Si hay incremento constante, aplicar fórmula de progresión aritmética.
- Si hay incremento porcentual, usar progresión geométrica.
- Excel o calculadoras financieras son herramientas clave para series complejas.

7.1. TIPOS DE SERIES VARIABLES

7.1.1. Serie variable sin patrón definido

- Pagos o ingresos que cambian en cada periodo sin seguir una regla predecible.
- Cada flujo se trata individualmente, aplicando valor presente o valor futuro a cada uno.

Valor presente de una serie variable sin patrón definido

Cuando no hay patrón claro, se calcula el valor presente individual de cada flujo:

$$VA = \sum_{t=1}^{n} \frac{F_t}{(1+i)^t}$$

Donde:

Ft: flujo de efectivo en el periodo t

i: tasa de interés por periodo, en decimal.

n: número total de periodos

Ejemplo 1 – Serie variable sin patrón

Flujos: $1,000; $1,200; $900; $1,500. Tasa de interés: 10 % anual

$$VA = \frac{1000}{(1.10)^1} + \frac{1200}{(1.10)^2} + \frac{900}{(1.10)^3} + \frac{1500}{(1.10)^4}$$

$$VA = 909.09 + 991.74 + 676.18 + 1024.43 = 3.601,44$$

Ejemplo 2: Un proyecto tiene los siguientes flujos de caja futuros, hallar el valor presente (VA):

Año 1: $2,000

Año 2: $1,000

Año 3: $3,000

Año 4: $500

La tasa de interés es del 12 % efectivo anual.

$$VA = \frac{2000}{1.12^1} + \frac{1000}{1.12^2} + \frac{3000}{1.12^3} + \frac{500}{1.12^4}$$

$$VA = 1.785,71 + 797,19 + 2113,02 + 317,77$$

$$VA = 5.036,69$$

Respuesta: El valor presente de los flujos de caja es $5.036,69.

Ejemplo 3: Se proyectan los siguientes ingresos trimestrales (en dólares), hallar el valor presente:

Trimestre 1: $500

Trimestre 2: $800

Trimestre 3: $600

Trimestre 4: $700

La tasa de interés es del 2 % efectivo trimestral.

$$VA = \frac{500}{1.02^1} + \frac{800}{1.02^2} + \frac{600}{1.02^3} + \frac{700}{1.02^4}$$

VA = 490,20 + 768,03 + 566,14 + 646,29

VA = 2.470,66

Respuesta: El valor presente de los ingresos es $2.470,66

7.1.2. Serie en progresión aritmética o lineal

Una serie en progresión aritmética es un conjunto de pagos o cobros periódicos que aumentan o disminuyen en una cantidad fija d en cada periodo. Es decir, si el primer pago es R1, el segundo será R1+d, el tercero R1+2d, y así sucesivamente.

Este tipo de serie se aplica en:

- Planes de pagos crecientes o decrecientes
- Ingresos proyectados por aumento de productividad
- Planes escalonados de ahorro o inversión
- Análisis de flujos no uniformes pero con crecimiento constante

Las cuotas aumentan o disminuyen en una cantidad fija (d) por periodo.

Ejemplo: $100, $120, $140, $160... (d = +20)

La progresión aritmética utiliza las siguientes fórmulas básicas:

- Fórmula del valor presente (VA) de una serie aritmética:

$$VA = R_1 \cdot \frac{1-(1+i)^{-n}}{i} + d \cdot \left[\frac{1-(1+i)^{-n}}{i^2} - \frac{n}{i(1+i)^n}\right]$$

- Fórmula de valor futuro (VF):

$$VF = R_1 \cdot \frac{(1+i)^n - 1}{i} + d \cdot \left[\frac{(1+i)^n - 1}{i^2} - \frac{n}{i}\right]$$

Donde:

R1 ó A: valor del primer pago

d: incremento o decremento constante

i: tasa de interés por periodo

n: número total de periodos

7.1.2.1. Valor presente (VA) de series en progresión aritmética

Ejercicio 1: Renta inicial, $100; Incremento, $10; Periodos, 5 años; Tasa, 10 % efectiva anual.

¿Cuál es el valor presente (VA) de la operación?

Paso 1: Aplicar la fórmula:

$$VA = R_1 \cdot \frac{1-(1+i)^{-n}}{i} + d \cdot \left[\frac{1-(1+i)^{-n}}{i^2} - \frac{n}{i(1+i)^n}\right]$$

Paso 2: Reemplazar los valores en la fórmula.

$$VA = 100 \cdot \frac{1-(1.10)^{-5}}{0.10} + 10 \cdot \left[\frac{1-(1.10)^{-5}}{0.10^2} - \frac{5}{0.10(1.10)^5}\right]$$

Paso 3: Hallar el valor presente (VA).

VA = {100 * [(1 - 0,62)/0,10]} + {10 * [(1 – 0,62)/ 0,01]-(5 / 0,161)}

VA = {100 * [3,8]} + {10 * [38] – 31,06}

VA = {380} + {348,94}

VA = 728,94

Respuesta: El valor presente (VA) de la operación es $728,94.

Ejercicio 2: Renta inicial, $500; Decremento, –$20; Periodos (n), 4 trimestres; Tasa (i), 8 % efectiva trimestral.

¿Cuál es el valor presente (VA) de la operación?

Paso 1: Aplicar la fórmula:

$$VA = R_1 \cdot \frac{1-(1+i)^{-n}}{i} + d \cdot \left[\frac{1-(1+i)^{-n}}{i^2} - \frac{n}{i(1+i)^n}\right]$$

Paso 2: Reemplazar los valores en la fórmula.

$$VA = 500 \cdot \frac{1-(1.08)^{-4}}{0.08} + (-20) \cdot \left[\frac{1-(1.08)^{-4}}{0.08^2} - \frac{4}{0.08(1.08)^4}\right]$$

VA = 500 * 3,3121 + (-20) * (41,4012 – 3,7059) = 1.656,05 – 751,91

VA = 904,14

Respuesta: El valore presente (VA) de la operación es $904,14

7.1.2.2. Valor futuro de series en progresión aritmética

Ejercicio 1:

Renta inicial = 100

Incremento (d) = 20

Periodos (n) = 4

Tasa = 10%

Paso 1: Aplicar la fórmula de valor futuro (VF) de una progresión aritmética.

$$VF = R_1 \cdot \frac{(1+i)^n - 1}{i} + d \cdot \left[\frac{(1+i)^n - 1}{i^2} - \frac{n}{i}\right]$$

Paso 2: Se reemplazan los valores en la fórmula.

$$VF = 100 \cdot \frac{(1.10)^4 - 1}{0.10} + 20 \cdot \left[\frac{(1.10)^4 - 1}{0.10^2} - \frac{4}{0.10}\right]$$

Paso 3: Hallar el valor futuro (VF).

VF = {100 * [((1,10)^4 -1) / 0,10]} + {20 * [[((1,10)^4 -1) / (0,10)^2] – (4 / 0,10)]}

VF = {100 * [(1,4641 – 1) / 0,10]} + {20 * [[(1,4641 – 1) / 0,01] - 40]}

VF = {100 * [0,4641 / 0,10]} + {20 * [[0,4641 / 0,01] – 40]}

VF = {100 * 4,641} + {20 * [46,41 - 40]}

VF = 464,1 + {20 * 6,41}

VF = 464,1 + 128,2

VF = 592,3

Respuesta: El valor futuro de la operación es 592,3

Ejercicio 2:

Renta inicial = 200

Incremento (d) = 50

Periodos (n) = 3

Tasa (i) = 5%

Paso 1: Aplicar la fórmula de valor futuro (VF) de una progresión aritmética.

$$VF = R_1 \cdot \frac{(1+i)^n - 1}{i} + d \cdot \left[\frac{(1+i)^n - 1}{i^2} - \frac{n}{i}\right]$$

Paso 2: Se reemplazan los valores en la fórmula.

$$VF = 200 \cdot \frac{(1.05)^3 - 1}{0.05} + 50 \cdot \left[\frac{(1.05)^3 - 1}{0.0025} - \frac{3}{0.05}\right]$$

Paso 3: Hallar el valor futuro (VF).

VF = {200 * [((1,157625 -1)/0,05)]} + {50 * [[(1,157625 -1) / 0,0025)] – 60]}

VF = {200 * 3,1525} + {50 * [63,05 - 60]}

VF = 630,5 + 152,5

VF = 783

Respuesta: El valor futuro de la operación es 783

7.1.3. Serie en progresión geométrica o exponencial (g)

Son secuencias de pagos o ingresos en la que, cada monto, varía en una proporción constante con respecto al anterior. Es decir, los flujos crecen o decrecen exponencialmente en función de una tasa fija de crecimiento o decrecimiento.

Este tipo de series es común en:

- Flujos de caja ajustados por inflación o crecimiento económico
- Rentas que aumentan anualmente por contrato
- Costos o ingresos que se incrementan por productividad
- Proyectos con crecimiento o deterioro sistemático

Cada cuota se incrementa o reduce en una proporción constante. Ejemplo: $1,000, $1,100, $1,210... (crece un 10 % por periodo)

Para hallar el valor presente (VA) de una progresión geométrica, se usa la siguiente fórmula:

$$VA = \frac{R_1}{i-g} \cdot \left[1 - \left(\frac{1+g}{1+i}\right)^n\right] \quad \text{(válida si } i \neq g \text{ y } i > g\text{)}$$

Para hallar el valor futuro (VF) de una progresión geométrica, se usa la siguiente fórmula:

$$VF = \frac{R_1 \cdot (1+g)^n}{i-g} \cdot \left[\left(\frac{1+i}{1+g} \right)^n - 1 \right]$$

Donde:

A ó R1: primer flujo o cuota

g: tasa de crecimiento por periodo

i: tasa de interés (descuento) por periodo

n: número de periodos

VA: valor presente

VF: valor futuro

7.1.3.1. Características de las series geométricas

Característica	Descripción
Tasa de variación constante	Cada flujo cambia en proporción a (1+g)(1 + g)
No lineal	No se suma un valor fijo, sino que se multiplica
Puede ser creciente o decreciente	Si $g > 0$ crece, si $g < 0$ decrece
Los pagos varían en progresión geométrica	$R1, R1(1+g), R1(1+g)^2,...,R1(1+g)^{n-1}$
Se aplica cuando hay crecimiento o decrecimiento porcentual constante	*g* es la tasa de crecimiento
Es útil para modelar flujos ajustados por inflación o rentabilidad creciente	Especialmente en análisis financiero de largo plazo

7.1.3.2. Clasificación de series geométricas

7.1.3.2.1. Series geométricas crecientes

Cada pago es mayor que el anterior.

Ejemplo: \$1,000 → \$1,100 → \$1,210 (con g = 10 %)

Ejemplo 1: Se compra un activo en \$ 16′000.000 y se va a pagar en cuotas mensuales vencidas durante 8 años; Cada cuota mensual **aumenta** en 0,83% en relación con la cuota anterior. Si la tasa de interés es del 2,7% efectiva mensual, hallar el valor del primer pago.

- Se debe observar que las cuotas no son constantes.
- La tasa porcentual en que se incrementa la cuota es la progresión geométrica y se designa con la letra **g**.
- Las cuotas mensuales, para este ejemplo, son vencidas.

Paso 1: Se plantea o se identifican los valores del problema.

VA = 16′000.000

A1 = ?

i = 0,027 efectivo mensual

n = 96 meses

g = 0,0083

Paso 2: Se aplica la fórmula de progresión geométrica creciente:

$$VA = \{A_1 \, [(1 + g)^n \, (1 + i)^{-n} - 1] \,\} / g - i$$ [7]

Paso 3: Se reemplazan los valores en la fórmula de progresión geométrica creciente:

---

[7] Cuando g es igual a i se utiliza la siguiente fórmula para hallar VA: VA = A (n) / (1 + i)

$16'000.000 = \{ A_1 [(1{,}0083)^{96} (1{,}027)^{-96} - 1] \} / 0{,}0083 - 0{,}027$

$16'000.000 = \{ A_1 [(2{,}211147174) (0{,}0774885286) - 1] \} / - 0{,}0187$

$16'000.000 = \{ A_1 [- 0{,}828661459] \} / - 0{,}0187$

$16'000.000 (- 0{,}0187) = A_1 [- 0{,}828661459]$

$- 299.200 = A_1 [-0{,}828661459]$

$- 299.200 / -0{,}828661459 = A_1$

$\mathbf{A_1 = 361.064}$

Respuesta: El valor del primer pago es \$361.064

Si se quisiera saber el valor de cualquier otra cuota de las 96 (A_n), se aplica la siguiente fórmula:

$$\mathbf{An = A1 (1 + g)^{n-1}}$$

Por ejemplo: hallar la cuota 20

$\mathbf{An = A1 (1 + g)^{n-1}}$

$\mathbf{A20 = 361.064 (1{,}0083)^{19}}$

$\mathbf{A20 = 422.464}$

Ejemplo 2: Se compra un lote por 12'300.000 para pagarlo durante 76 meses, teniendo en cuenta que cada mes la cuota se **incrementa** en 1,2% respecto de la anterior. Si la tasa de interés es del 2,7% efectiva mensual, hallar:

a) El valor de la cuota 16

b) El valor de la cuota 28

VA = 12'300.000

A_1 = ?

i = 0,027 efectivo mensual

n = 76 meses

g = 0,012

$\boldsymbol{VA = \{A_1 [(1 + g)^n (1 + i)^{-n} - 1] \} / g - i}$

$12'300.000 = \{A_1 [(1{,}012)^{76} (1{,}027)^{-76} - 1] \} / 0{,}012 - 0{,}027$

$12'300.000 = A_1 [(1{,}012)^{76} (1{,}027)^{-76} - 1] / - 0{,}015$

$12'300.000 (-0{,}015) = A_1 [(2{,}475819335) (0{,}1320219936) - 1]$

$12'300.000 (-0{,}015) = A_1 [0{,}3269 - 1]$

$-184.500 = A1 [-0{,}673137395]$

$-184.500 / - 0{,}673137395 = A_1$

$A_1 = 274.090$

Respuesta 1: El valor de la primera cuota es \$274.090

a.) Se halla el valor de la cuota 16

$\boldsymbol{A_n = A_1 (1 + g)^{n-1}}$

$A_{16} = 274.090 (1{,}012)^{15}$

$A_{16} = 327.794$

Respuesta 2: El valor de la cuota 16 es 327.794

b.)Se halla el valor de la cuota 28

$A_n = A1 (1 + g)^{n-1}$

$A_{28} = 274.090 (1{,}012)^{27}$

$A_{28} = 378.240$

Respuesta 3: El valor de la cuota 28 es \$378.240

Ejemplo 3: Una persona empieza a ahorrar en enero de 2025 hasta enero de 2032, haciendo DEPÓSITOS anuales con el fin de asegurar los estudios universitarios que empiezan en enero de 2032. La carrera dura 5 años.

El valor del semestre en enero de 2025 fue de \$ 720.000. Cada semestre la matrícula se **incrementa** en un 11% y se paga en forma anticipada. Si la tasa de interés es del 3% efectivo mensual, hallar el valor de los depósitos anuales

Para tener en cuenta

- Como en enero de 2025 el semestre cuesta 720.000 y la persona empieza a estudiar en enero de 2032, se deben llevar los 720.000 a valor futuro de los 14 semestres (7 años).

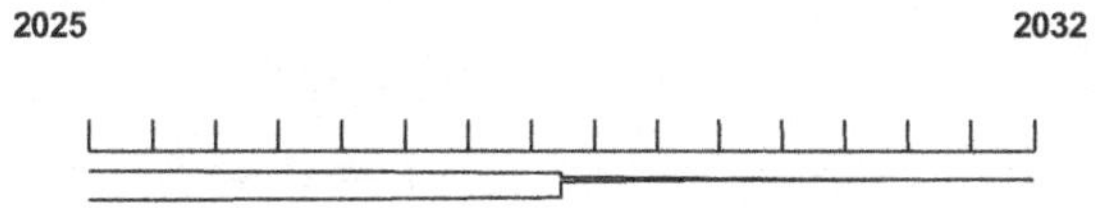

VF = ?

VA = 720.000

i = 0,11 efectivo semestral

n = 14 semestres

$VF = VA\,(1 + i)^{n}$

VF = 720.000 (1, 11)^{14}

VF = 3´103.518 Valor del semestre en enero de 2032

- Se debe tener en cuenta que se hacen **DEPÓSITOS** y se hacen **PAGOS**.

Depósitos: $\mathbf{VF = A\,[\,[(1 + i)^{n} - 1] \,/\, i]}$

Pagos: $\mathbf{VA = A\,[\,[1 - (1 + i)^{-n}\,] \,/\, i]}$

Pero como los **pagos** se incrementan semestre a semestre, se debe utilizar un gradiente, por tanto la fórmula a utilizar para los pagos será:

$$VA = \{A1\,[(1 + g)^{n}\,(1 + i)^{-n} - 1]\,\} \,/\, g - i$$

Se debe convertir la tasa efectiva mensual a efectiva semestral, para los pagos semestrales; y a efectiva anual, para los depósitos anuales.

Tasa semestral

$(1 + i)^n = (1 + i)^n$

$(1{,}03)^{12} = (1 + i)^2$

$(1{,}03)^6 - 1 = i$

$1{,}194052297 - 1 = i$

$i =$ **0,194** efectiva semestral

Tasa anual

$(1 + i)^n = (1 + i)^n$

$(1{,}03)^{12} = (1 + i)^1$

$1{,}4257 - 1 = i$

i = 0,4257 efectiva anual

Pagos

A1 = 3´103.518

Valor Semestre (2032)

i = 0,194 Efectiva semestral

n = 5 años (10 semestres)

g = 0,11

Depósitos

A1 = ?

i = 0,4257 Efectiva anual

n = 8 depósitos anuales

- Como los depósitos deben ser iguales a los pagos, entonces se establece la igualdad:

DEPÓSITOS = PAGOS

VF = VA

$$\mathbf{A\ \{[(1+i)^n - 1] / i\} = \{[A1\ [(1+g)^n (1+i)^{-n} - 1]] / g - i\} (1+i)}$$

$$A\ \{[(1{,}4257)^8 - 1] / 0{,}4257\} = \{[3'103.518\ [(1{,}11)^{1º} (1{,}194)^{-10} - 1]] / 0{,}11 - 0{,}194\} (1{,}194)$$

$$A\ \{37{,}74882034\} = \{[3'103.518\ [(2{,}8394)(0{,}1698) - 1]] / -0{,}084\} (1{,}194)$$

$$A\ \{37{,}74882034\} = \{3'103.518\ [(0.4822 - 1] / -0{,}084\} (1{,}194)$$

A { 37,74882034} = { 3´103.518 (-0,5178)] / – 0,084} (1,194)
A { 37,74882034} = { -1.607.152,87 / – 0,084} (1,194) A {37,74882034} = 22´844.530,11
A = 22´844.530,11 / 37,748820
A = 605.172
Respuesta: El valor de los depósitos anuales debe ser de $ 605.172

Ejemplo 4: Se compra un apartamento por $ 42´000.000 dando una cuota inicial del 30%. Se va a pagar durante 15 años mediante cuotas mensuales vencidas, con la condición de que durante cada año las cuotas mensuales permanezcan constantes pero de un año a otro las cuotas se **incrementan** en un 16%. La tasa de interés es del 1,6% efectivo mensual. Hallar la cuota mensual del primer y sexto año.

Valor Compra = 42´000.000
Cuota inicial = 12´600.000
Total deuda = 29¨400.000

VA = 29´400.000
n = 15 años
g = 0,16
i = 0,2098 Efectiva anual
A1 = *?*

VA = { A_1 [$(1 + g)^n$ $(1 + i)^{-n}$ - 1] } / **g – i**
29´400.000 = { A_1 [$(1,16)^{15}$ $(1,2098)^{-15}$ - 1] } / 0,16 - 0,2098
29´400.000 = { A_1 [(9,26552) (0,05745) - 1] } / - 0,0498
29´400.000 = { A_1 [- 0,467695876] } / - 0,0498
29´400.000 (- 0,0498) = A_1 [- 0,467695876]
- 1´464.120 / - 0,467695876 = A_1
A_1 = 3´130.496 Valor cuota primer año

a.) Conociendo la cuota anual del primer año, hallamos las cuotas mensuales de ese año, que son todas iguales.

n = 12

i = 1,6% efectivo mensual

VF = 3′130.496

A = ?

$VF = A\ \{ [(1 + i)^n - 1] / i\}$

$3'130.496 = A\ \{ [(1,016)^{12} - 1] / 0,016\}$

$3'130.496 = A\ \{ 13,1144\}$

3′130.496 / 13,1144 = A A =238.707

Respuesta 1: El valor de la cuota mensual del primer año es de $238.707

- Para hallar el valor de cualquier otra cuota anual, se utiliza la siguiente fórmula:

$$An = A_1\ (1 + g)^{n-1}$$

Hallar la cuota del sexto año.

$A_6 = 3'130.496\ (1,16)^5$

$A_6 = 6'575.111$

Respuesta: El valor de la cuota del 6º año es $6′575.111.

b.) Conociendo la cuota del sexto año se puede hallar las cuotas mensuales de ese año, que son todas iguales.

n = 12

i = 0,016 efectivo mensual

VF = 6′575.111

A = ?

$VF\ = A\ \{ [(1 + i)^n - 1] / i\}$

$6'575.111 = A \{ [(1,016)^{12} - 1] / 0,016\}$

$6'575.111 = A \{13,1144\}$

$6'575.111 / 13,1144 = A$

$A = 501.366$

Respuesta 2: El valor de las cuotas mensuales del sexto año es $501.366.

Ejemplo 5: Se compra un bien por $ 32'000.000, se da una cuota inicial del 30%, para pagarlo en 15 años a una tasa de interés del 27% efectivo anual. Las cuotas mensuales permanecen constantes, pero de una año a otro se **incrementan** en un 16%.

a.) Hallar la cuota del primer año.

b.) Hallar la cuota del segundo año

c.) Hallar las cuotas mensuales del segundo año.

d.) Hallar la cuota del séptimo año.

e.) Hallar las cuotas mensuales del séptimo año.

Valor Compra = 32'000.000

Cuota inicial = 9'600.000

Total deuda = 22'400.000

VA = 22'400.000

n = 15 años (180 meses)

g = 0,16

i = 0,27 Efectiva anual (0,02 efectivo mensual, ver conversión)

A1 *= ?*

Se halla la tasa efectiva anual

$(1 + i)^n = (1 + i)^n$

$(1,27)^1 = (1 + i)^{12}$

$\sqrt[12]{(1,27)} - 1 = i$

$1{,}020 - 1 = i$

$i = 0{,}020$

Respuesta: La tasa efectiva mensual es 0,020 (2%)

a) Hallar la cuota del primer año.

$VA = \{ A_1 [(1 + g)^n (1 + i)^{-n} - 1]] / \mathbf{g - i}$

$22'000.000 = \{ A_1 [(1{,}16)^{15} (1{,}27)^{-15} - 1] \} / \mathbf{0{,}16 - 0{,}27}$

$22'000.000 = \{ A_1 [(9{,}26552) (0{,}027729637) - 1] \} / - \mathbf{0{,}11}$

$29'400.000 (- 0{,}11) = \{ A_1 [- 0{,}743] \}$

$-2'464.000 = A_1 [- 0{,}743]$

$-2'464.000 / [- 0{,}743] = A_1$

$A_1 = 3'316.285$

Respuesta 1: El valor de la primera cuota anual es de \$3'316.285.

b) Conocida la cuota del primer año (A_1), se halla la cuota del segundo año (A_2)

$\mathbf{An = A_1 (1 + g)^{n-1}}$

$A_2 = 3'316.285 (1{,}16)$

$A_2 = 3'846.891$

Respuesta 2: El valor de la cuota del segundo año es \$3'846.891.

c.) Conociendo la cuota del segundo año (A_2), hallamos las cuotas mensuales de ese año, que son todas iguales.

$n = 12$

$i = 0{,}02$ efectivo mensual

$VF = 3'846.891$

$A = ?$

$VF = A \{ [(1 + i)^n - 1] / i \}$

$3'846.891 = A \{ [(1{,}02)^{12} - 1] / 0{,}02 \}$

$3'846.891 / 13{,}41208975 = A$

$A = 286.823$

Respuesta 3: El valor de las cuotas mensuales del segundo año es $ 286.823.

d.) Hallar la cuota del séptimo año

$\mathbf{An = A_1 (1 + g)^{n-1}}$

$A_7 = 3'316.285 (1,16)^6$

$A_7 = 8'079.785$

Respuesta 4: El valor de la cuota del séptimo año es $ 8'079.785.

e.) Conociendo la cuota del 7º año, se pueden hallar las cuotas mensuales de ese año, que son todas iguales.

$n = 12$

$i = 0,02$ efectivo mensual

$VF = 8'079.785$

$VF = A\{ [(1 + i)^n - 1] / i\}$

$A = ?$

$8'079.785 = A \{ [(1,02)^{12} - 1] / 0,02\}$

$8'079.785 = A \{ 13,412\}$

$8'079.785 / 13,412 = A$ $A = 602.430$

Respuesta: El valor de las cuotas mensuales del del 7º año es $602.430.

Ejemplo 6: Se compra un bien por 26'000.000 para pagarlo en 15 años (180 meses), a una tasa de interés del 1,6% efectivo mensual, con un **incremento** de un año a otro del 18%.

Hallar la deuda después de haber pagado la cuota 60.

- Se convierte la tasa efectiva mensual a efectiva anual.

$(1 + i)^n = (1 + i)^n$

$(1,016)^{12} = (1 + i)^1$ $1,2098 - 1 = i$

i = 0,2098 Tasa efectiva anual.

- Se halla el valor de la primera cuota anual.

VA = 26´000.000

n = 15 años (180 meses)

g = 0,18

i = 0,2098 Efectiva anual

A1 = ?

$VA = \{ A_1 [(1 + g)^n (1 + i)^{-n} - 1] \} / \mathbf{g - i}$

$26'000.000 = \{ A_1 [(1,18)^{15} (1,2098)^{-15} - 1] \} / 0,18 - 0,2098$

$26'000.000 = \{ A_1 [(11,97374) (0,05745) - 1] \} / - 0,0298$

$26'000.000 (- 0,0298) = A_1 \{- 0,3121\}$

$-754.000 = A_1 \{- 0,3121\}$

$-754.000 / - 0,3121 = A_1$

$A_1 = 2'415.892$

Respuesta: El valor de la primera cuota anual es $ 2´415.892

- Se halla la cuota del quinto año.

$\mathbf{An = A_1 (1 + g)^{n-1}}$

$A_5 = 2'415.892 (1,18)^4$

$A_5 = 4'683.878$

Respuesta: El valor de la 5ª cuota anual es $ 4´683.878

Se pide hallar la deuda después del 5º año, lo cual indica que el gradiente empieza en el año 6º por lo que se debe hallar $\mathbf{A_6}$

$\mathbf{An = A1 (1 + g)^{n-1}}$

$A_6 = 2'415.892 (1,18)^5$

$A_6 = 5'526.976$

Respuesta: El valor de la 6º cuota anual es $5´526.976 .

$VA = \{ A1 [(1 + g)^n (1 + i)^{-n} - 1] \} / \mathbf{g - i}$

$VA = \{ 5'526.976 [(1,18)^{10} (1,2098)^{-10} - 1] \} / 0,18 - 0,2098$

$VA = \{ 5'526.976 [(5,23383) (0,148889) - 1] \} / - 0,0298$

$VA = - 1.220.026 / - 0,0298$

$VA = 40'940.478$

Respuesta: La deuda después de haber pagado la cuota 60 es $40'940.478

Ejemplo 7: Con el enunciado del ejemplo 6 hallar las cuotas mensuales del año 4°, 10° y 15°

4º año

$\mathbf{An = A_1 (1 + g)^{n-1}}$

$A_4 = 2'415.892 (1,18)^3$

$A_4 = 3'969388$ Valor de la cuota del 4º año.

- Se hallan las cuotas mensuales del 4º año.

$VF = A \{ [(1 + i)^n - 1] / i \}$

$3'969.388 = A \{ [(1,016)^{12} - 1] / 0,016 \}$

$3'969.388 / 13,11440044 = A$

A = 302.674 Valor cuotas mensuales del 4º año

10º año

$\mathbf{An = A_1 (1 + g)^{n-1}}$

$A_{10} = 2'415.892 (1,18)^9$

$\mathbf{A_{10} = 10'715.577}$ Valor cuota del 10º año.

- Se hallan las cuotas mensuales del 10º año.

$VF = A \{ [(1 + i)^n - 1] / i \}$

$10'715.577 = A \{ [(1,016)^{12} - 1] / 0,016 \}$

$10'715.577 / 13,11440044 = A$

A = 817.085 Valor de las cuotas mensuales del 10º año

15º año

$$\mathbf{An = A_1 (1 + g)^{n-1}}$$

A_{15} = 2'415.892 $(1{,}18)^{14}$

A_{15} = 24'514.646 Valor de la cuota del 15º año.

- Se hallan las cuotas mensuales del 15º año.

$$\boldsymbol{VF = A \{ [(1 + i)^n - 1] / i \}}$$

24'514.646 = A $\{ [(1{,}016)^{12} - 1] / 0{,}016 \}$

24'514.646 / 13,11440044 = A

A = 1'869.292 Valor cuotas mensuales del 15 º año.

Ejemplo 8: Una persona se compromete a cancelar una deuda de $400.000, con intereses al 36% capitalizable trimestralmente, mediante pagos trimestrales durante 10 años. Cada año el valor de las cuotas crecen un 15%, pero dentro de cada año la cuota permanece constante. Determinar el valor de la cuota número 4, su distribución entre intereses y abono a capital y el saldo insoluto inmediatamente después de haberse efectuado el pago 4.

VA = 400.000

J = 36%; i = J / m; i = 0,36 / 4; i = 0,09 efectivo trimestral.

n = 10 años; n = 40 trimestres

g = 15% anual

- Se halla la tasa efectiva anual.

$(1 + i)^n = (1 + i)^n$

$(1{,}09)^4 = (1 + i)^1$

1,41158 - 1 = i

i = 0,41158 (41,158% Tasa efectiva anual)

- Se halla la cuota ordinaria

$VA = \{ A1 [(1 + g)^{n} (1 + i)^{-n} - 1] \} / g - i$

$400.000 = [A1 [(1,15)^{10} (1,41158)^{-10} - 1] \} / 0,15 - 0,41158$

$A1 = 400.000 / 3,3305$

$A1 = 120.102,09$ valor cuota ordinaria

- Se halla el valor de la cuota 4

$An = A1 (1 + g)^{n-1}$

$A_4 = 120.102,09 (1,15)^{4-1}$

$A_4 = 182.660,26$ Valor cuota anual año 4º

- Se hallan las cuotas mensuales del año 4º

$\boldsymbol{VF} = A \{ [(1 + i)^{n} - 1] / i \}$

$182.660,09 = A \{ [(1,09)^{4} - 1] / 0,09 \}$

$\boldsymbol{A} = 82.660,09 / 4,57313$

$\boldsymbol{A} = 39.942,07$ Valor de las cuotas mensuales del año 4º

- Se halla la deuda después de haber pagado la cuota 4ª anual.

$\boldsymbol{A_5} = 182.660,09 (1,15) = 210.059,01$

$\boldsymbol{VA} = ?$

$\boldsymbol{n} = 6$ años

$\boldsymbol{i} = 0,41158$ Efectiva anual

$\boldsymbol{VA = \{ \{ A1 [(1 + g)^{n} (1 + i)^{-n} - 1] \} / g - i \} (1 +i)^{-n}} +$
$\boldsymbol{A4 (1 - (1+i)^{-n}}$

$\boldsymbol{VA} = \{ \{210.059,01 [(1,15)^{6} (1,41158)^{-6} - 1] \} / 0,15 - 0,41158$
$\}(1,09)^{-3} + 39.942,07[(1- (1,09)^{-3} / 0.09]$

$\boldsymbol{VA} = 438.788,5 + 101.105,14$

$\boldsymbol{VA} = 539.893,6$

- Se elabora la tabla de amortización

PERÍODOS (n)	DEUDA	INTERÉS	CUOTA	AMORTIZACIONES
13	539.893,6	0	0	0
14	548.540	48.590,42	39.942,07	- 8.648,36

Ejemplo 9: Una deuda de 2´000.000 está siendo amortizada en pagos mensuales, durante 15 años, con la condición de incrementar la cuota cada año en un 18% pero dentro de cada año la cuota permanece constante. Suponiendo un interés del 27% CM, determinar:

a) El valor del primer pago
b) El valor del último pago
c) La deuda, inmediatamente después de haber efectuado el pago 100
d) La distribución del pago 101

- **Se halla el valor del 1º pago:**

VA = 2´000.000

J = 27% Cap. Mens; i = J / m; i = 0,27 / 12; i = 0,0225 efectivo mensual.

n = 15 años; 180 meses

g = 18% anual

- Se halla la tasa efectiva anual.

$(1 + i)^{n} = (1 + i)^{n}$

$(1{,}0225)^{12} = (1 + i)^{1}$

1,3060 - 1 = i

i = 0,3060 Efectiva anual

- Se halla la cuota del 1º pago.

VA = 2'000.000

i = 0,3060 Efectivo anual

n = 15 años

g = 18% Efectiva anual

A = ?

$\boldsymbol{VA = \{A1\ [(1+g)^{n}(1+i)^{-n} - 1]\ \}\ /\ g - i}$

$2'000.000 = \{ A1\ [(1{,}18)^{15} (1{,}306)^{-15} - 1]\ \} / 0{,}18 - 0{,}306$ A1 =

2'000.000 / 6,202401

A1 = 322.455,7716 valor 1ª cuota

- Se hallan las cuotas mensuales del 1º año

$VF = A\{ [(1+i)^{n} - 1] / i \}$

$322.455{,}7716 = A \{ [(1{,}0225)^{12} - 1] / 0{,}0225 \}$

A = 322.455,7716 / 13,602222178

A = 23.706,16 Valor de las cuotas mensuales del 1º año

- Se halla el valor del último pago:

$\mathbf{An = A1\ (1 + g)^{n-1}}$

$A15 = 322.455{,}7716\ (1{,}18)^{14}$

A15 = 3'272.037,39 Valor de la cuota del año 15

- Se halla el valor de las cuotas mensuales del año 15

VF $= A \{ [(1+i)^{n} - 1] / i \}$

$3'272.037{,}39 = A \{ [(1{,}0225)^{12} - 1] / 0{,}0225 \}$

A = 3'272.037,39 / 13,602222178

A = 240.552 Valor del último pago realizado

- Se halla la deuda, inmediatamente después de haber efectuado el pago 100

El pago 100 corresponde a las mensualidades del año 9, por tanto se debe hallar el valor de la cuota del año 9 y luego hallar las cuotas mensuales de ese año.

$An = A1 (1 + g)^{n-1}$

$A9 = 322.455{,}7716 (1{,}18)^{8}$

A9 = 1´212.065,85 Valor cuota 9º año

- Se hallan las cuotas mensuales del año 9º

$VF = A \{ [(1 + i)^{n} - 1] / i \}$

$1´212.065{,}85 = A \{ [(1{,}0225)^{12} - 1] / 0{,}0225 \}$

A = 1´212.065,85 / 13,602222178

A = 89.108 Valor de las cuotas mensuales del 9º año

- Se halla el valor de la cuota del año 10

A10 = A9 (1 + i)

A10 = 1´212.065,85 (1,18)

A10 = 1´430.237,7 Valor cuota año 10

- Se halla la deuda después de pagar la cuota 100

VA = ?

A = 1´430.237,7

n = 6 (Que son los años que faltan para completar los 15 años)

i = 0,306 efectivo anual

g = 0,18 anual

$VA = \{ \{A1 [(1 + g)^{n} (1 + i)^{-n} - 1] \} / g - i \} (1 + i)$ + Valor cuota mensual año 9

$VA = \{ \{1´430.237{,}7 [(1{,}18)^{6} (1{,}306)^{-6} - 1] \} / 1{,}18 - 0{,}306 \} (1{,}0225)^{-8} + 89.108 [(1 - 1{,}0225^{-8}) / 0.0225]$ Que son los meses que faltan para completar los 9 años

VA = [5´175.613,72] $(1{,}0225)^{-8}$ + 89.108 [$(1 - 1{,}0225^{-8})$ / 0.0225]

VA = 4´976.930,72 Valor de la deuda después de efectuar el pago 100

- Se halla la distribución del pago 101 (Tabla de amortización)

PERÍODOS (n)	**DEUDA**	**INTERÉS**	**CUOTA**	**AMORTIZACIONES**
100	4´976.930,72	0	0	0
101	4´999803,54	**111.980,96**	89.108,1374	- **22.872,81**

Ejemplo 10: Se desea amortizar la suma de 5´000.000 en cuotas mensuales, durante 20 años, con la condición de aumentar cada 4 años la cuota mensual en un 50%. Si se supone una tasa del 32% efectivo anual, calcular el valor del primero y del último pago.

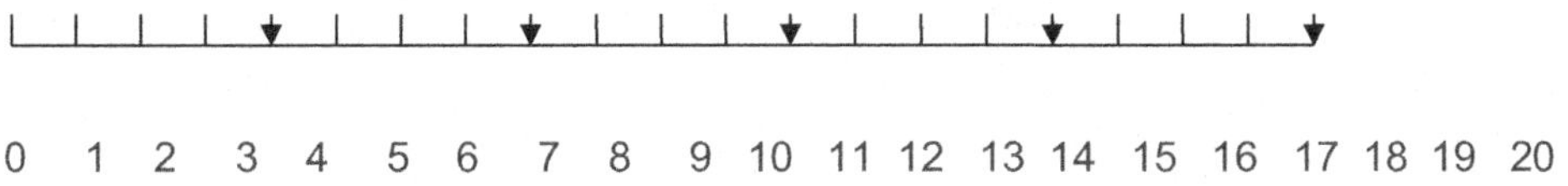

VA = 5´000.000

n = 20 años (5 cuatrienios)

g = 0,50

i = 0,32 efectivo anual

- Se halla la tasa efectiva mensual.

$(1 + i)^{n} = (1 + i)^{n}$

$(1{,}32)^{1} = (1 + i)^{12}$

$\sqrt[12]{(1{,}32)} - 1 = i$

1,0234 - 1 = i = 0,0234 Efectiva mensual

- Se halla la tasa efectiva cuatrienal

$(1{,}32)^{1} = (1 + i)^{1/4}$

$(1{,}32)^{4} - 1 = i = 3{,}0359 - 1 = 2{,}0359$ Efectiva cuatrienal

- Se calcula el valor del pago del 1º cuatrienio:

$VA = A1 \{ [(1 + g)^{n} (1 + i)^{-n} - 1] / g - i \}$

$5'000.000 = \{ A1 [(1{,}5)^{5} (3{,}0359)^{-5} - 1] / 0{,}50 - 2{,}0359 \}$

$5'000.000 = A1\{ [- 0{,}970] / -1{,}5359 \}$

$A = 5'000.000 / 0{,}6319125568$

A = 7'912.487,168 Valor cuota 1º cuatrienio.

- Conocida la cuota del 1º cuatrienio se halla la cuota del 5º cuatrienio

$\mathbf{An = A1 (1 + g)^{n - 1}}$

$A5 = 7'912.487{,}168 (1{,}023405)^{4}$

A5 = 40'056.966,29 Valor cuota del 5º cuatrienio

- Se calcula el valor de los pagos mensuales 1º del cuatrienio.

$VF = A \{ [(1 + i)^{n} - 1] / i \}$

$7'912.487{,}168 = A \{ [(1{,}023405)^{48} - 1] / 0{,}023405 \}$

A = 90.966,36 Valor de los pagos mensuales del 1º cuatrienio

- Se calcula el valor de los pagos mensuales del último cuatrienio.

$VF = A \{ [(1 + i)^{n} - 1] / i \}$

$40'056.466 = A \{ [(1{,}023405)^{48} - 1] / 0{,}023405 \}$

A = 460.503,84 Valor de los pagos mensuales del último cuatrienio

Ejemplo 11: Se debe pagar una deuda de 3'700.000 mediante 5 cuotas trimestrales, con la condición de que cada cuota aumenta con relación a la anterior en un 4.3%; a un interés del 3% efectivo trimestral. Se pagará una cuota extraordinaria de 600.00 en el 3º período. Hallar el valor de la cuota y elaborar la tabla de amortización.

VA = 3'700.000

n = 5 trimestres

i = 0,03 E. T.

G = 0,043

A = ?

$VA = \{ \{A1 [(1 + g)^{n} (1 + i)^{-n} - 1] \} / g - i \} + C.E. (1 + i)^{-n}$

$3'700.000 = \{ \{A1 [(1{,}043)^{5} (1{,}03)^{-5} - 1] \} / 0{,}043 - 0{,}03 \} + 600.000 (1{,}03)^{-3}$

$\{(3'700.000 - 549.084) (0{,}013) \} / 0{,}064720016 = A$

A = 632.909 Valor cuota trimestral.

- Conociendo la cuota trimestral, se elabora la tabla de amortización.

PERÍODOS (n)	DEUDA	INTERÉS	CUOTA	AMORTIZACIONES
0	3'700.000	0	0	0
1	3'178.091	111.000	632.909	521.909
2	2'613.310	95.343	660.124	564.781
3	1'403.200	78.399	688.509 + 600.000	1'210.110
4	**727.181**	42.096	718.115	676.019
5	0	21.815	748.994	**727.181**

Ejemplo 12: Un empresario venezolano adquiere un bien por 20.000.000 Bs. Se da una cuota inicial del 40% y el saldo se financia a 15 años, para pagarlo mediante cuotas mensuales iguales, con

crecimiento anual del 25% que corresponde a la inflación anual esperada. Si al crédito se le aplica una tasa de interés del 19% anual por corrección monetaria, más una tasa de interés adicional del 12% Nominal Mes Vencido, ¿Cuál es el interés real de la financiación y a cuánto equivaldría, en Bs constantes de hoy, el valor de la última cuota mensual de los años 5, 10 y 15?

Paso 1: Se calcula la tasa de interés efectiva mensual, dado que los pagos son mensuales:

j = 12%

m = 12

i = ?

i = j / m

i = 0,12 / 12 = 0,01

i = 1% efectivo mensual

Paso 2: Se calcula la tasa de interés efectiva anual, conociendo la tasa efectiva mensual:

$(1 + i)^n = (1 + i)^n$

$(1 + 0{,}01)^{12} = (1 + i)^1$

1,126825 = 1 + i

1,126825 - 1 = i

0,126825 = i (La tasa de interés efectiva anual es de 12,6825%)

Paso 3: Se calcula la tasa de interés anual del crédito, teniendo en cuenta la corrección monetaria (Cm).

i = [(1 + Cm) * (1 + i)] - 1

i = [(1 + 0,19) * (1 + 0,126825)] - 1

i = [(1,19) * (1,126825)] - 1

i = 0,3409 = 34,09% efectiva anual

Paso 4: Se deflacta la tasa de interés (id):

id = (i – inflación) / (1 + inflación)

id = (0,3409 – 0,25) / (1 + 0,25)

id = 0,0909 / (1,25)

id = 0,07273 = 7,273% Tasa deflactada

Paso 5: Se calcula el valor de la cuotas mensuales solicitadas: Primero se calcula el valor de la cuota del 1° año.

Valor del bien: 20'000.000 Bs

Cuota inicial: 40% = (20'000.000 * 0,40 = 8'000.000), por tanto el valor del crédito (VA) es de 12'000.000 Bs.

VA = 12'000.000 n = 15 años i = 0,3409 e. a. g = 0,25	A1 = [VA (g – i)] / [(1 + g)^{n} * (1 + i)$^{-n}$ – 1] A1 = [12'000.000 (0,25 – 0,3409)] / [(1 + 25)^{15} * (1 + 0,3409)$^{-15}$ – 1] A1 = 1'675.325,65

- **Conocida la cuota del 1° año, se hallan las cuotas de los años 5°, 10° 15°**

► Año 5°: $A_5 = A_1 (1 + i)^{n-1}$

$A_5 = 1'675.325,65 (1 + 0,25)^4$

$A_5 = 4'090.150,5$

► Año 10°: $A_{10} = A_1 (1 + i)^{n-1}$

$A_{10} = 1'675.325,65 (1 + 0,25)^9$

$A_{10} = 12'482.148,78$

► Año 15°: $A_{15} = A_1 (1 + i)^{n-1}$

$A_{15} = 1'675.325,65 (1 + 0,25)^{14}$

$A_{15} = 38'092.495$

- **Conocidas la cuotas anuales de los años 5°, 10° 15°, se hallan las cuotas mensuales de cada uno de esos años.**

► Cuotas mensuales año 5°:

$A_5 = VF / \{ [(1 + i)^{n-1}] / i \}$

n = 12 i = 2,4746% em VF = 4'090.150,5 A = ?	A_5 = 4'090.150,5 / { [(1 + 0,024746)$^{12-1}$] / 0,024746 } A_5 = 4'090.150,5 / { [(1,024746)$^{12-1}$] / 0,024746 } A_5 = 4'090.150,5 / { [0,340895] / 0,024746 } A_5 = 4'090.150,5 / { 13,775762 } A_5 = 296.909,20 Valor cuotas mensuales del año 5°

► Cuotas mensuales año 10°:

$A_{10} = VF / \{ [(1 + i)^{n-1}] / i\}$

n = 12 i = 2,4746% em VF= 12'482.148,78 A = ?	A_{10} = 12'482.148,78 / { [(1 + 0,024746)$^{12-1}$] / 0,024746 } A_{10} = 12'482.148,78 / { [(1,024746)$^{12-1}$] / 0,024746 } A_{10} = 12'482.148,78 / { [0,340895] / 0,024746 } A_{10} = 12'482.148,78 / { 13,775762 } A_{10} = 906.094,98 **Valor cuotas mensuales del año 10°**

► Cuotas mensuales año 15°:

$A_{15} = VF / \{ [(1 + i)^{n-1}] / i\}$

N = 12 i = 2,4746% em VF = 38'092.495 A = ?	A_{15} = 38'092.495 / { [(1 + 0,024746)$^{12-1}$] / 0,024746 } A_{15} = 38'092.495 / { [(1,024746)$^{12-1}$] / 0,024746 } A_{15} = 38'092.495 / { [0,340895] / 0,024746 } A_{15} = 38'092.495 / { 13,775762 } A_{15} = 2'765.182,43 **Valor cuotas mensuales del año 15°**

7.1.3.2.2. Series geométricas decrecientes

Son sucesiones de pagos o ingresos periódicos donde cada valor disminuye de forma proporcional con respecto al anterior.

Ejemplo: \$1,000 → \$900 → \$810 (con g = −10 %) Se representa así:

$R1, R1(1+g), R1(1+g)^2, \ldots, R1(1+g)^{n-1}$

Donde g es **negativa** (ejemplo: −0.05 o −5 %).

Aplicaciones comunes

- Proyectos con flujos de caja decrecientes por obsolescencia o desgaste
- Pagos de contratos escalonados hacia abajo
- Reducción progresiva de beneficios
- Escenarios donde los ingresos disminuyen por pérdida de mercado

7.1.3.2.2.1. Características clave de las series geométricas decrecientes

Elemento	Valor
Primer flujo	R1
Razón geométrica	1+ g, donde g < 0
Tasa de interés	(i >
Periodos	Finito (n años, trimestres, meses).

7.1.3.2.2.2. Fórmula general de la serie geométrica decreciente

La serie geométrica decreciente utiliza la siguiente fórmula para hallar el valor presente (VA) de una operación financiera:

$$VA = \frac{R_1}{i-g} \cdot \left[1 - \left(\frac{1+g}{1+i}\right)^n\right]$$

Sólo válida si i ≠ g e i > g.

Donde:

R1 ó ***A***: primer flujo o cuota

g: tasa de crecimiento por periodo

i: tasa de interés o descuento por periodo

n: número de periodos

VA: valor presente

Ejemplo 1:

Renta inicial (***R1*** ó ***A***) = 2.000

g = 5% = (0,05)

i = 10% = (0,10)

n = 4

Hallar el valor presente (VA) de la operación.

Paso 1: Aplicar la fórmula para hallar el valor presente de una serie geométrica decreciente:

$$VA = \frac{R_1}{i - g} \cdot \left[1 - \left(\frac{1+g}{1+i}\right)^n\right]$$

Paso 2: Reemplazar los valores en la fórmula:

VA = [2.000 / (0,10 - (-0,05)] * [1 – (1 + (– 0,05) / (1 + 10))^4]

Paso 3: Hallar el valor presente (VA) de la operación:

VA = [2.000 / (0,10 – (– 0,05)] * [1 – (1 + (– 0,05) / 1.10)^4]

VA = [2.000 / (0,10 – (– 0,05)] * [1 – (0,95 / 1.10)^4]

VA = [2.000 / 0,15] * [1 – (0,86363)^4]

VA = 13.333,33 * [1 – 0,5563]

VA = 13.333,33 * 0,445

VA = 5.933,33

Respuesta: El valor presente (VA) de la operación es $5.933,33

Ejemplo 2:

Renta inicial (R1 ó A) = 1.500

g = 6% = (0,06)

i = 9% = (0,09)

n = 3

Paso 1: Aplicar la fórmula para hallar el valor presente de una serie geométrica decreciente:

$$VA = \frac{R_1}{i - g} \cdot \left[1 - \left(\frac{1+g}{1+i}\right)^n\right]$$

Paso 2: Reemplazar los valores en la fórmula:

VA = [1.500 / (0,09 - (-0,06)] * [1 – (1 + (– 0,06) / (1 + 0,09))^3]

Paso 3: Hallar el valor presente (VA) de la operación:

VA = [1.500 / 0,15] * [1 – (0,94 / 1,09)^3]

VA = 10.000 * [1 – 0,641]

VA = 10.000 * 0,359

VA = 3.590

Respuesta: El valor presente (VA) de la operación es $3.590

Ejemplo 4: Se va a amortizar la suma de 3'700.000 mediante el pago de 5 cuotas trimestrales, con la condición de que cada cuota, en relación con la anterior, disminuye un 8%. A una tasa de interés del 4,5% efectivo trimestral. Hallar la cuota y elaborar la tabla de amortización.

- Como la cuota disminuye en un 8%, entonces el gradiente será negativo.

VA = 3'700.000

n = 5 trimestres ***i*** = 0,045 Efectiva trimestral

g = - 0,08

A = ?

$$VA = \{A1\ [(1 - g)^{n}\ (1 + i)^{-n} - 1]\ \} / - g - i$$

$$3'700.000 = \{A1\ [(1 - 0{,}08)^{5}\ (1+0{,}045)^{-5} - 1]\ \} / - 0{,}08 - 0{,}045$$

$$3'700.000 = \{A1\ [(0{,}65908)\ (0{,}802451) - 1]\ \} / - 0{,}125$$

$$3'700.000 = \{A1\ [0{,}5288794 - 1]\ \} / - 0{,}125$$

$$3'700.000 = \{A1\ [0{,}471119342]\ \} / - 0{,}125$$

$$3'700.000\ (\ - 0{,}125\ ) = A1\ \{\ - 0{,}471119342\ \}$$

$$- 462.500 / - 0{,}471119342 = A1$$

A = 981.705 Valor cuota trimestral.

- Conociendo la cuota trimestral, se elabora la tabla de amortización.

7.2. EJERCICIOS DE SERIES VARIABLES PARA

PERÍODOS (n)	DEUDA	INTERÉS	CUOTA	AMORTIZACIONES
0	3'700.000	0	0	0
1	2'884.795	166.500	981.705	815.205
2	2'111.442	129.816	903.169	773.353
3	1'375.572	95.015	830.915	735.900
4	**673.000**	61.899	764.442	702.543
5	0	30.285	703.287	**673.000**

RESOLVER

Ejercicio 1:

Si la renta inicial de un proyecto es $800, con un incremento fijo, por 6 periodos, de $50,

¿Cuál es el valor presente (VA) si se reconoce una tasa de interés del 6%?

Respuesta: 4.322,45

Ejercicio 2:

Renta inicial = 150

Incremento (d) = 30

Periodos (n) = 4

Tasa (i) = 7%

Hallar el valor futuro (VF) de la operación.

Respuesta: El valor futuro de la operación es 855.

Ejercicio 3:

Usted obtiene un préstamo de $6'000.000 a una tasa de interés efectiva mensual del 1.5 %. El préstamo se pagará mediante cuotas bimestrales vencidas durante 2 años, es decir, 6 pagos. Las cuotas del segundo año, últimos 3 pagos, se incrementan un 10 % respecto a las cuotas del primer año.

Determine el valor de las cuotas a pagar durante el primer y segundo año.

Respuestas:

Primer año (cuotas 1 a 3):

A = $1'047.705,25

Segundo año (cuotas 4 a 6):

A = $1'152.475,77

Ejercicio 4:

Se adquiere un carro por un valor de $40'000.000. Se da una cuota inicial de $5'000.000 y el saldo será financiado a 3 años a una tasa de interés del 1.3% efectivo mensual; además se pagarán cuotas extraordinarias cada 6 meses.

Si las cuotas semestrales son por un valor de 1.5 veces las cuotas mensuales; ¿cuál será el valor de las cuotas a pagar?

- Tener en cuenta que se debe convertir la tasa de interés del periodo menor (meses) a la tasa de interés del periodo mayor (semestres) para aplicar dicho interés a las cuotas semestrales:
- Para utilizar la ecuación INGRESOS = EGRESOS es necesario llevar todos los flujos a un mismo periodo; en este caso se llevarán al periodo 0:

Respuesta : El valor de las cuotas a pagar es $86.442,86

Ejercicio 5:

Se desea comprar un equipo de sonido en un almacén de electrodomésticos, el cual ofrece un crédito cooperativo al 2.5% mensual. La forma de pago serán cuotas mensuales vencidas iguales durante 2 años. Al cabo de 6 meses se podría finalizar la deuda cancelando el saldo, el cual sería de $120.000. Cuál es el valor de compra del equipo de sonido?

Respuesta: El valor de compra del equipo de sonido es $149.525,80.

CAPÍTULO 8

AMORTIZACIONES

La amortización es el proceso financiero mediante el cual se paga una deuda en cuotas periódicas. Cada cuota o pago incluye:

- Intereses, calculados sobre el saldo pendiente.
- Amortización, que es la parte del capital que se devuelve.

A medida que se amortiza el capital, los intereses disminuyen, ya que se calculan sobre un saldo cada vez menor.
Las cuotas tienen los siguientes componentes:

Componente	Descripción
Cuota (C)	Pago periódico total, puede ser constante o variable
Interés (I)	Porcentaje aplicado al saldo de la deuda
Amortización (A)	Parte del capital que se devuelve en cada periodo
Saldo de deuda (SD)	Monto restante por pagar después de cada cuota

8.1. PRINCIPALES SISTEMAS DE AMORTIZACIÓN

Sistema	Características clave
Sistema Francés (PRICE)	Cuotas iguales, intereses decrecientes, amortización creciente
Sistema de Amortización Constante (SAC)	Amortización fija, cuotas decrecientes, intereses decrecientes
Sistema Americano	Sólo intereses durante el plazo. El capital se paga completamente al final

8.1.1. Sistema francés (PRICE) - Cuotas constantes

El Sistema Francés, también conocido como Sistema PRICE, por las siglas de su creador: Rafael I. Price, es un método de amortización donde el deudor paga cuotas periódicas constantes a lo largo del tiempo. Sin embargo, la composición de cada cuota varía:

- Al inicio, el pago está compuesto en su mayoría por intereses.
- A medida que pasa el tiempo, la amortización, pago del capital, aumenta y los intereses disminuyen.

Tiene las siguientes ventajas:

- Cuotas fijas que facilitan la planificación financiera.
- Simplicidad en cálculos contables y bancarios.
- Es el sistema más utilizado por bancos y entidades financieras en préstamos de consumo.

El sistema francés tiene las siguientes características:

Característica	Descripción
Cuotas constantes	El valor total de cada cuota es el mismo durante todo el plazo.
Intereses decrecientes	Calculados sobre el saldo pendiente, disminuyen con el tiempo.
Amortización creciente	A medida que disminuyen los intereses, aumenta la parte que amortiza capital.
Uso común	Créditos hipotecarios, vehiculares, préstamos personales a mediano o largo plazo.

Para el desarrollo de sus operaciones, el sistema francés -PRICE- utiliza las siguientes fórmulas:

a.) Fórmula para el cálculo de la cuota constante

$$C = \frac{P \cdot i}{1 - (1 + i)^{-n}}$$

Donde:

C: cuota periódica

P ó VA: monto del préstamo o capital inicial

i: tasa de interés por período, en decimal

n: número total de cuotas

b.)Fórmula para el cálculo de intereses en cada periodo

$$I_t = SD_{t-1} \cdot i$$

Donde:

It: intereses del periodo

SD: saldo de la deuda

i: tasa de interés por período, en decimal

c.) Cálculo de amortización en cada periodo, la cual se refleja en las tablas de amortización.

$$A_t = C - I_t$$

Donde:

At: amortización por periodo

C: cuota periódica

It: intereses del periodo

d.)Saldo de la deuda, aplicada en la tablas de amortización.

$$SD_t = SD_{t-1} - A_t$$

Ejemplo 1: Se toma un préstamo de $10.000 a pagar en 4 cuotas mensuales, con una tasa de interés del 5 % mensual. Calcular el valor de las cuotas y presentar el cuadro de amortización.

- **Paso 1:** Aplicar la fórmula para calcular la cuota constante

$$C = \frac{P \cdot i}{1 - (1 + i)^{-n}}$$

- **Paso 2:** Se plantea el problema o se identifican los valores

P ó VA = 10.000

i = 5% (0,05)

n = 4

- **Paso 3:** Se reemplazan los valores en la fórmulas

$$C = \frac{10.000 \cdot 0.05}{1 - (1 + 0.05)^{-4}}$$

Paso 4: Calcular la cuota constante

C = (10.000 * 0,05) / [1- (1+ 0,05)$^{-4}$]

C = 500 / [1- 0,8227]

C = 500 / 0,177297

C = 2.820,13

Respuesta 1: El valor de las cuotas es de $2.820,13

Paso 5: Elaborar la tabla de amortización

Mes	Cuota (C)	Interés (I)	Amortización (A)	Saldo Final
0	-	-	-	10.000,00
1	2.820,13	500	2.320,13	7.679,87
2	2.820,13	384	2.436,13	5.243,74
3	2.820,13	262,18	2.557,95	2.685,8
4	**2.820,13**	134,29	2.685,8	0,00

Ejemplo 2: Un préstamo de $20.000 se paga en 3 cuotas trimestrales, con una tasa de interés trimestral del 6 %. Determinar la cuota constante y presentar el cuadro.

Paso 1: Aplicar la fórmula para calcular la cuota constante

$$C = \frac{P \cdot i}{1 - (1 + i)^{-n}}$$

Paso 2: Se plantea el problema o se identifican los valores

P ó VA = 20.000

i = 6% (0,06)

n = 3

Paso 3: Se reemplazan los valores en la fórmulas

$$C = \frac{20.000 \cdot 0.06}{1 - (1 + 0.06)^{-3}}$$

Paso 4: Calcular la cuota constante

$C = (20.000 * 0{,}06) / [1- (1+ 0{,}06)^{-3}]$

C = 1.200 / [1- 0,8396]

C = 1.200 / 0,1603807

C = 7.482,19

Respuesta 1: El valor de las cuotas es de $7.482,19

- **Paso 5:** Elaborar la tabla de amortización

Trimestre	Cuota (C)	Interés (I)	Amortización (A)	Saldo Final
0	-	-	-	20.000
1	7.482,19	1.200	6.282,20	13.717,80
2	7.482,19	823,06	6.661,12	7.056,68
3	7.482,19	423,40	7.056,68	0,00

Ejemplo 3: Se asume una deuda por 2'000.000 para pagarla mediante 4 pagos trimestrales iguales (uniformes) a una tasa de interés del 5% efectivo trimestral. Hallar el valor de los pagos y elaborar la tabla de amortización

- Primero se debe hallar el valor de los pagos trimestrales.

VA = 2'000.000

n = 4 trimestres

i = 0,05 Efectiva trimestral

A = ?

$VA = A \{ [1 - (1 + i)^{-n}] / i \}$

$2'000.000 = A \{ [1 - (1{,}05)^{-4}] / 0{,}05\}$

2'000.000 / 3,545950504 = A

A = 564.024 Valor pago trimestral

- Conociendo el pago trimestral, se elabora la tabla de amortización.

Trimestre	Cuota (C)	Interés (I)	Amortización (A)	Saldo Final
0	2'000.000	0	0	0
1	1'535.976	100.000	564.024	464.024
2	1'048.751	76.799	564.024	487.225
3	**537.165**	52.438	564.024	511.586
4	0	26.858	564.024	**537.165**

n = Número de períodos
Deuda = Deuda anterior - amortización
Interés = Interés de la deuda del período anterior
Cuota = Si es uniforme, será la misma en todos los períodos.
Amortizaciones = Cuota - interés

Ejemplo 4: Amortizar la suma de 6'000.000 mediante 5 pagos trimestrales uniformes a una tasa de interés del 6% efectivo trimestral, teniendo en cuenta que se deben pagar 2 cuotas extraordinarias c/u de 300.000 en el 2º y 5º trimestre. Hallar el valor de los pagos trimestrales y elaborar la tabla de amortización.

VA = 6'000.000
n = 5 trimestres
i = 0,06 Efectiva trimestral
A = ?

$$VA = A \{ [1 - (1 + i)^{-n}] / i \} + 1^{a}\ C.E.\ (1 + i)^{-n} + 2^{a}\ C.E.\ (1 + i)^{-n}$$

$6'000.000 = A \{ [1 - (1{,}06)^{-5}] / 0{,}06\} + 300.000\ (1{,}06)^{-2} + 300.000(1{,}06)^{-5}$

$6'000.000 = A \{ 4{,}212363785 \} + 266.999 + 224.177$

$6'000.000 - 491.176 = A \{ 4{,}212363785 \}$

5´508.824 / 4,212363785 = A

A = **1´307.775** Valor de los pagos trimestrales

- Conociendo la cuota trimestral, se elabora la **tabla de amortización:**

PERÍODOS (n)	DEUDA	INTERÉS	CUOTA	AMORTIZACIONES
0	6´000.000	0	0	0
1	5´052.225	360.000	1´307.775	947.775
2	3´747.584	303.134	1´307.775+**300.000**	1´304.642
3	**2´664.664**	224.855	1´307.775	1´082.920
4	**1´516.769**	159.880	1.307.775	1´147.895
5	0	91.006	1´307.775+**300.000**	**1´516.769**

Ejemplo 5: Elaborar una tabla para amortizar la suma de 300.000 en 4 pagos trimestrales uniformes, con una cuota extraordinaria (CE) de 50.000 en el 3º período. Suponga una tasa del 10% efectiva para el período.

VA = 300.000

n = 4 trimestres

i = 0,10 Efectiva trimestral

CE = 50.000

A = ?

$$VA = \{A \{ [1 - (1 + i)^{-n}] / i\} \} + CE (1 + i)^{-n}$$

$300.000 = \{ A \{ [1 - (1,10)^{-4}] / 0,10\} \} + 50.000 (1,10)^{-3}$

300.000 = A { 3,169865446} + 37.566

300.000 - 37.566 = A { 3,169865446}

262.434 / 3,169865446 = A

A = 82.790,35 Valor pagos trimestrales.

- Conociendo los pagos trimestrales, se elabora la tabla de amortización, teniendo en cuanta que en el periodo 3 se debe realizar un pago extraordinario por 50.000.

PERÍODOS (n)	DEUDA	INTERÉS	CUOTA	AMORTIZACIONES
0	300.000	0	0	0
1	247.209,65	30.000	82.790,35	52.790,35
2	189.140,27	24.720,97	82.790,35	58.069,38
3	**75.263,92**	18.914	82.790,35 + 50.000	113.876,35
4	0	7.526,39	82.790,35	**75.263,92**

Ejemplo 6: Un bien cuesta 4´000.000, se puede financiar el 60%, para ser pagado en cuotas mensuales iguales durante 3 años, a una tasa de interés del 36% Capitalizables mensualmente. Hallar el valor de los pagos mensuales.

Paso 1: Se convierte la tasa capitalizable a efectiva mensual.

$(1 + i)^n = (1+J / m)^m$

$(1 + i)^{12} = (1+ 0,36 / 12)^{12}$

i = 1, 03 - 1

i = 0, 03 Efectiva mensual

Paso 2: Se plantea el problema o se identifican los valores

VA = 2´400.000

n = 36 meses

i = 0,03 Efectiva mensual

A = ?

Paso 3: Se reemplazan los valores en la fórmula

$VA = A \{ [1 - (1 + i)^{-n}] / i \}$

$2'400.000 = A \{ [1 - (1{,}03)^{-36}] / 0{,}03\}$

$2'400.000 = A \{0{,}6549675 / 0{,}03\}$

$2'400.000 = A \{21{,}8322525\}$

$2'400.000 / 21{,}8322525 = A$

A = 109.929,11

Respuesta: El valor de los pagos mensuales es $109.929,11.

Ejemplo 7: Si en el problema anterior se ofrecen pagos extraordinarias del doble de la cuota ordinaria cada 6 meses, ¿Cuál sería el valor de los pagos ordinarios?

VA = 2'400.000

n = 36 meses

i = 0,03 Efectiva mensual

A = ?

$$VA = A \{ [1 - (1 + i)^{-n}] / i \} + 2\,A\,(1 + i)^{-n} + 2\,A\,(1 + i)^{-n} + 2\,A\,(1 + i)^{-n} + 2\,A\,(1 + i)^{-n} + 2\,A\,(1 + i)^{-n} + 2\,A\,(1 + i)^{-n} + 2\,A\,(1 + i)^{-n}$$

$2'400.000 = A \{ [1 - (1{,}03)^{-36}] / 0{,}03\} + 2\,A\,(1 + 0{,}03)^{-6} + 2\,A$ (1 + 0,03)-12 + 2 A (1 + i)-18 + 2 A (1 + i)-24 + 2 A (1 + i)-30 + 2 A (1 + i)-36

2'400.000 = A { [1 – 0,345032] / 0,03} + 2 A (0,837484) + 2 A (0,701379) + 2 A (0,587395) + 2 A (0,491934) + 2 A (0,411987) + 2 A (0,345032)

2'400.000 = A {21,832267} + A (1,674968) + A (1,402758) + A (1,174788) + A (0,983866) + A (0,823972) + A (0,690064)

2'400.000 = A (21,83222) + A (6,750417)

2'400.000 = A (28,582669) A = 2'400.000 / 28,582669

A = 83.967 Cuota mensual ordinaria

Ejemplo 8: Elaborar una tabla para amortizar 800.000 en 5 pagos semestrales mediante el sistema de abonos constantes a capital, con una tasa del 30% nominal semestre anticipado.

- Se hace la conversión de la tasa nominal semestre anticipado a efectiva semestral.

De anticipada anual a anticipada de semestre

d = j / m

d = 0,30 / 2

d = 0,15 Anticipada de semestre

De anticipada de semestre a efectiva de semestre

i = 0,15 / (1 – 0,15)

i = 0,15 / 0,85

i = 0,1764 Efectiva de semestre

- Se plantea el problema o se identifican los valores

VA = 800.000

n = 5 semestres

i = 0,1764 Efectiva semestral.

A = ?

- Se reemplazan los valores en la fórmula y se halla el valor del pago semestral

$\boldsymbol{VA = A \{ [1 - (1 + i)^{-n}] / i \}}$

$800.000 = A \{ [1 - (1,1764)^{-5}] / 0,1764 \}$

$800.000 = A \{ [1 - 0,4438384] / 0,1764 \}$

800.000 = A { 3,153912395 }

800.000 / 3,153912395 = A

A = 253.797 Valor cuota semestral

- Conociendo la cuota semestral se puede elaborar la tabla de amortización

PERÍODOS (n)	DEUDA	INTERÉS	CUOTA	AMORTIZACIONES
0	800.000			
1	687.403	141.200	253.797	112.597
2	554.932	121.326,63	253.797	132.471
3	399.080,60	97.945,60	253.797	155.851,39
4	**215.720,72**	70.437,72	253.797	183.359,27
5	0	38.075	253.797	**215.720,72**

8.1.1.1. Tabla de amortización para anualidades anticipadas, conociendo el valor futuro (VF), los períodos (n) y la tasa de interés (i)

Ejemplo 9: Se quiere ahorrar $8.000.000 en 12 meses. ¿Cuánto se debería depositar mensualmente, en forma constante y anticipada, en un banco que reconoce una tasa de interés del 0,64% efectiva mensual? Elaborar la tabla de amortización.

- Se plantea el problema o se identifican los valores

VF = 8.000.000

n = 12 meses

i = 0,64% Efectiva mensual

A = ?

- Se reemplazan los valores en la fórmula y se halla el valor del ahorro mensual constante

$$A = VF / \{ [(1 + i)^{n-1}] / i \}$$

$$A = 8.000.000 / \{ [(1 + 0,0064)^{12-1}] / 0,0064 \}$$

$$A = 8.000.000 / \{ [(1,0064)^{12-1}] / 0,0064 \}$$

$$A = 8.000.000 / \{ [1,07956 - 1] / 0,0064 \}$$

$$A = 8.000.000 / \{ 0,07956 / 0,0064 \}$$

$$A = 643.524,34$$

- Se elabora la tabla de amortización

PERÍODO	SALDO INICIAL	INTERÉS	AHORRO	SALDO FINAL
1	0	0	643.524	643.524
2	643.524	4.119	643.524	1.291.167
3	1.291.167	8.263	643.524	1.942.955
4	1.942.955	12.435	643.524	2.598.914
5	2.598.914	16.633	643.524	3.259.072
6	3.259.072	20.858	643.524	3.923.454
7	3.923.454	25.110	643.524	4.592.089
8	4.592.089	29.389	643.524	5.265.002
9	5.265.002	33.696	643.524	5.942.223
10	5.942.223	38.030	643.524	6.623.777
11	6.623.777	42.392	643.524	7.309.694
12	7.309.694	46.782	643.524	8.000.000,00

- **El saldo final** es el saldo inicial del siguiente período
- **El saldo final del período 1** (643.524,34), corresponde al primer depósito realizado por la persona.
- **El saldo final del período 2** (1.291.167,23), es el resultado de sumar saldo inicial del período 2 (643.524,34) + el

interés del período 2 (4.118,56) + el ahorro del período 2 (643.524,34).

- **El interés** se obtiene multiplicando la tasa por saldo final del período anterior.

¿Cómo hallar el valor de los ahorros mensuales en Excel?

Figura 16

Clic en ***fx***

Al dar clic en **ACEPTAR**, aparece el valor en la celda designada (643.524,34)

8.1.1.2. Tabla de amortización para anualidades anticipadas constantes, conociendo valor presente (VA), períodos (n) y tasa de interés (i)

Ejemplo 10: Se amortiza una deuda de $1.000.000 en 6 cuotas mensuales iguales. Si la tasa de interés es del 2% efectiva mensual, a.) ¿De qué valor quedan las cuotas?; b.) Elaborar la tabla de amortización.

a.) Se hallan las cuotas planteando el problema o identificando los valores

VA = 1.000.000

n = 6 meses

i = 2% Efectiva mensual

A = ?

$A = VA / \{ [1 - (1 + i)^{-n}] / i \} * (1+ i)$

$A = 1.000.000 / \{ [1 - (1 + 0,02)^{-6}] / 0,02 \} * (1+ 0,02)$

$A = 1.000.000 / \{ [1 - (1,02)^{-6}] / 0,02 \} * (1,02)$

$A = 1.000.000 / \{ [1 – 0,88797] / 0,02 \} * (1,02)$

$A = 1.000.000 / \{ 0,112028 / 0,02 \} * (1,02)$

A = 1.000.000 / 5,713428

A = 175.025

b.) Se elabora la tabla de amortización para anualidades anticipadas constantes

PERÍODO	SALDO INICIAL	PAGO	INTERÉS	AMORTIZACIÓN	SALDO FINAL
1	1.000.000	175.025	0	175.025	824.975
2	824.975	175.025	16.499,49	158.526	666.449
3	666.449	175.025	13.328,98	161.696	504.753
4	504.753	175.025	10.095,05	164.930	339.822
5	339.822	175.025	6.796,45	168.229	171.593
6	171.593	175.025	3.431,87	171.593	0

- El saldo final se obtiene de restar saldo inicial menos amortización
- El saldo final es el saldo inicial del siguiente período
- El interés se obtiene multiplicando la tasa por saldo final del período anterior
- La amortización se obtiene de restar pagos menos intereses

8.1.1.3. Tabla de amortización para anualidades vencidas constantes, conociendo el valor presente (VA), los períodos (n) y la tasa de interés (i)

Ejemplo 11: Se debe amortizar una deuda de $12.000.000 en 6 cuotas mensuales vencidas iguales. Si la tasa de interés es del 2% efectiva mensual, a.) ¿De qué valor quedan las cuotas?; b.) Elaborar la tabla de amortización.

a.) Se hallan las cuotas planteando el problema o identificando los valores

VA = 12.000.000

n = 6 meses

i = 2% Efectiva mensual

A = ?

$$\boldsymbol{A = VA / \{ [1 - (1 + i)^{-n}] / i \}}$$

$$A = 12.000.000 / \{ [1 - (1 + 0,02)^{-6}] / 0,02 \}$$

$$A = 12.000.000 / \{ [1 - (1,02)^{-6}] / 0,02 \}$$

$$A = 12.000.000 / \{ [1 - 0,88797] / 0,02 \}$$

$$A = 12.000.000 / \{ 0,112028 / 0,02 \}$$

$$A = 12.000.000 / 5,6014$$

$$A = 1.142.322$$

b.)Se elabora la tabla de amortización para anualidades vencidas constantes

PERÍODO	SALDO INICIAL	PAGO	INTERÉS	AMORTIZACIÓN	SALDO FINAL
1	12.000.000	2.142.310	240.000	1.902.310	10.097.690
2	10.097.690	2.142.310	201.954	1.940.356	8.157.334
3	8.157.334	2.142.310	163.147	1.979.163	6.178.171
4	6.178.171	2.142.310	123.563	2.018.746	4.159.425
5	4.159.425	2.142.310	83.188	2.059.121	2.100.304
6	2.100.304	2.142.310	42.006	2.100.304	0

- El interés resulta de multiplicar la tasa de interés por el saldo inicial del mismo período
- La amortización se obtiene de restar pagos menos intereses
- El saldo final se obtiene de restar saldo inicial menos amortización
- El saldo final es el saldo inicial del siguiente período

8.1.1.4. Tabla de amortización para anualidades vencidas constantes, conociendo valor futuro (VF), períodos (n) y tasa de interés (i)

Ejemplo 12: Se desea ahorrar $12.000.000 en 6 meses. a.) ¿Cuánto se debería depositar mensualmente en un banco que reconoce una tasa de interés del 2% efectiva mensual?; b.) Elaborar la tabla de amortización.

a.)Se hallan las cuotas planteando el problema o identificando los valores

$VF = 12.000.000$

$n = 6$ meses

i = 2% Efectiva mensual

A = ?

$$A = \{VF / [(1 + i)^n - 1] / i\} * (1 + i)$$

$$A = \{12.000.000 / [(1 + 0,02)^6 - 1] / 0,02\} * (1 + 0,02)$$

$$A = \{12.000.000 / [1,12616242 - 1] / 0,02\} * 1,02$$

$$A = \{12.000.000 / [0,12616242] / 0,02\} * 1,02$$

$$A = \{12.000.000 / [0,12616242] / 0,02\} * 1,02$$

$$A = \{12.000.000 / 6,43428342\} * 1,02$$

$$A = 1.902.310$$

b.)Se elabora la tabla de amortización para anualidades vencidas constantes

PERÍODO	SALDO INICIAL	INTERÉS	AHORRO	SALDO FINAL
1	0	0	1.902.310	1.902.310
2	1.902.310	38.046	1.902.310	3.842.666
3	3.842.666	76.853	1.902.310	5.821.829
4	5.821.829	116.437	1.902.310	7.840.575
5	7.840.575	156.812	1.902.310	9.899.696
6	9.899.696	197.994	1.902.310	12.000.000

- El saldo final resulta de sumar el saldo inicial + interés + ahorro
- El saldo final es el saldo inicial del siguiente período

8.1.2. Sistema de Amortización Constante (SAC)

El Sistema de Amortización Constante (SAC) es un método de pago en el cual la parte del capital, o amortización, que se paga en cada cuota es siempre la misma. Los intereses se calculan sobre el saldo de la deuda pendiente, lo que hace que las cuotas totales sean decrecientes a lo largo del tiempo. Este sistema es ampliamente utilizado en créditos de largo plazo, especialmente en obras públicas, créditos empresariales e hipotecarios.

Elemento	Descripción
Amortización fija	Parte del capital pagado en cada cuota es constante
Cuotas decrecientes	La suma de amortización + intereses disminuye a lo largo del tiempo
Intereses decrecientes	Se calculan sobre el saldo de deuda, que va bajando progresivamente
Beneficio	Menor saldo de intereses total en comparación con otros sistemas

Utiliza las siguientes fórmulas:

- **Amortización constante (A):**

$$A = VA / n$$

Donde:

A: Amortización constante.

VA: Monto del préstamo, valor actual o valor presente.

n: Número total de pagos

- **Interés en cada periodo (It), observable en la tabla de amortización**

Fórmula: $I_t = SD_t - 1 * i$

Donde:

I_t**:** Interés por periodos

SD_t**:** Saldo de la deuda

i: Tasa de interés aplicada

- Cuota total en cada periodo, observable en la tabla de amortización

Fórmula: $C_t = A + I_t$

Donde:

C_t: Cuota o pago en cada periodo, observable en la tabla de amortización.

A: Amortización constante.

I_t: Interés generado.

- Saldo de la deuda.

Fórmula: $SD_t = SD_t -1 - A$

Donde:

SD_t: Saldo de la deuda del periodo, observable en la tabla de amortización.

$SD_t - 1$: Saldo de la deuda del periodo anterior, observable en la tabla de amortización.

A: Amortización constante.

Ejemplo 1: Se obtiene un préstamo de $12.000, a pagar en 4 cuotas mensuales, con una tasa de interés del 3% mensual.

a.) Hallar el valor de la amortización constante.
b.) Elaborar la tabla de amortización utilizando el Sistema SAC.
c.) Determinar el monto total pagado por intereses.
d.) Determinar el monto total pagado por el préstamo.

a.) Hallar el valor de la amortización constante.

- **Paso 1:** Se aplica la fórmula para hallar la amortización fija.

$$A = VA / n$$

- **Paso 2:** Se plantea el problema o se identifican los valores.

VA = 12.000

n = 4 meses

i = 3% (0,03) efectiva mensual

A = ?

- **Paso 3:** Se reemplazan los valores y se halla el valor a amortizar, que es fijo periodo a periodo.

A = VA / n

A = 12.000 / 4

A = 3.000

b.) Elaborar la tabla de amortización utilizando el Sistema SAC.

Mes	Cuota (C)	Interés (3%)	Amortización (A)	Saldo Deuda
0	–	–	–	12.000
1	3.360	360	3.000	9.000
2	3.270	270	3.000	6.000
3	3.180	180	3.000	3.000
4	3.090	90	3.000	0,00

c.) Determinar el monto total pagado por intereses.

I = 360 + 270 + 180 + 90

I = 900 Monto total pagado por intereses.

d.) Determinar el monto total pagado por el préstamo.

Monto total pagado = 12.000 + 900

Monto total pagado = 12.900

Ejemplo 2: Una empresa toma un préstamo de $15.000, a pagar en 5 cuotas trimestrales, con una tasa del 4% trimestral.

a.) Hallar el valor de la amortización constante.

b.) Elaborar la tabla de amortización utilizando el Sistema SAC.

c.) Determinar el monto total pagado por intereses.

d.) Determinar el monto total pagado por el préstamo.

a.) Hallar el valor de la amortización constante.

- **Paso 1:** Se aplica la fórmula para hallar la amortización fija.

$$A = VA / n$$

- **Paso 2:** Se plantea el problema o se identifican los valores.

VA = 15.000

n = 5 trimestres

i = 4% (0,04) efectiva trimestral

A = ?

- **Paso 3:** Se reemplazan los valores y se halla el valor a amortizar (A), que es fijo periodo a periodo.

$A = VA / n$

$A = 15.000 / 5$

$A = 3.000$

b.) Elaborar la tabla de amortización utilizando el Sistema SAC.

Trimestre	Cuota (C)	Interés (4%)	Amortización (A)	Saldo Deuda
0	–	–	–	15.000,00
1	3.600,00	600,00	3.000,00	12.000,00
2	3.480,00	480,00	3.000,00	9.000,00
3	3.360,00	360,00	3.000,00	6.000,00
4	3.240,00	240,00	3.000,00	3.000,00
5	3.120,00	120,00	3.000,00	0,00

c.) Determinar el monto total pagado por intereses (I).

I = 600 + 480 + 360 + 240 + 120

I = 1.800 Monto total pagado por intereses.

d.) Determinar el monto total pagado por el préstamo.

Monto total pagado = 15.000 + 1.800

Monto total pagado = 16.800

- **TABLA COMPARATIVA ENTRE EL SISTEMA SAC Y EL SISTEMA PRICE**

Criterio	SAC	Francés (PRICE)
Cuotas	Decrecientes	Constantes
Amortización	Constante	Creciente
Intereses	Decrecientes	Decrecientes
Pago total de intereses	Menor	Mayor
Impacto inicial en caja	Mayor	Menor

8.1.3. Sistema de Amortización Americano

El Sistema Americano de amortización es un método en el cual el deudor paga únicamente intereses durante toda la vida del préstamo, y al final del período paga en un solo pago el monto total del capital prestado.

Este sistema tiene las siguientes características:

Característica	Descripción
Cuotas periódicas	Sólo incluyen el interés sobre el capital
Amortización del capital	Se realiza al final del plazo en un solo pago
Cuotas iguales (excepto la última)	Cuotas iguales durante el período, más el capital en la última
Uso habitual	Créditos de corto plazo, letras del tesoro, bonos, préstamos puente

Manejas las siguientes fórmulas:

- **Interés periódico**

$$I = C \cdot i$$

- **Cuota periódica (sin amortización):**

$$C_t = I$$

- **Última cuota:**

$$C_n = I + C$$

Ejemplo 1: Un préstamo de 10.000 será pagado en 4 meses bajo el sistema americano, con una tasa del 5 % mensual. Calcular las cuotas, el monto total pagado por el préstamo y presentar el cuadro de amortización.

- Como en este sistema, los pagos mensuales sólo corresponden a los intereses causados, se halla este monto (I):

$I = C \cdot i$

I = 10.000·0.05 = 500

- Conocido el monto de los intereses, se elabora la tabla de amortización:

Mes	Cuota total	Interés	Amortización	Saldo de deuda
1	500	500	0	10.000
2	500	500	0	10.000
3	500	500	0	10.000
4	10.500	500	10.000	0

Intereses pagado: 500 + 500 + 500 + 500 = 2.000
Monto total pagado por el préstamo: 10.000 + 2.000 = 12.000

Ejemplo 2: Un préstamo de 8.000 será pagado en 3 meses bajo el sistema americano, con una tasa del 4 % mensual. Calcular las cuotas, el monto total pagado por el préstamo y presentar el cuadro de amortización.

- Se halla el monto de los intereses mensuales (I):

$\boldsymbol{I = C \cdot i}$

I = 8.000·0,04 = 320

- Conocido el monto de los intereses, se elabora la tabla de amortización:

Mes	Cuota total	Interés	Amortización	Saldo de deuda
1	320	320	0	8.000
2	320	320	0	8.000
3	8.320	320	8.000	0

Intereses pagado: 320 + 320 + 320 = 960

Monto total pagado por el préstamo: 8.000 + 960 = 8.960

CAPÍTULO 9

SISTEMAS ESPECIALES DE AMORTIZACIÓN

9.1. SISTEMA DE AMORTIZACIÓN CON PERÍODO DE GRACIA REDUCIDO

El período de gracia es un intervalo de tiempo, al inicio de un préstamo, en el que el deudor no paga la cuota completa o no paga nada. Este plazo es otorgado generalmente para facilitar la recuperación financiera, el desarrollo de un proyecto o permitir que el deudor genere ingresos antes de comenzar a pagar.

Este sistema se utiliza comúnmente en:

- Créditos educativos
- Proyectos con inversión inicial sin retorno inmediato
- Empresas que necesitan fase de instalación antes de operar
- Créditos agropecuarios o de construcción

Ejemplo 1: Un préstamo de $30.000 con interés del 3% mensual tiene un período de gracia de 2 meses donde sólo se pagan intereses. Luego se amortiza en 4 meses por sistema PRICE.

Paso 1: Se calculan los intereses durante el período de gracia:
I = 30.000 * 0.03 = 900 (mensual)

Mes	Cuota	Interés	Amortización	Saldo
1	900	900	0	30.000
2	900	900	0	30.000

Paso 2: Se halla la cuota (C) desde el mes 3 en adelante (PRICE):
P = 30.000
n = 4
i = 0.03 efectiva mensual

$$C = \frac{30.000 \cdot 0.03}{1 - (1 + 0.03)^{-4}} = \frac{900}{1 - 0.8885} = \frac{900}{0.1115}$$

C = 8.072,29

Paso 3: Conociendo el valor de las cuotas mensuales, se elabora la tabla de amortización a partir del mes 3:

Mes	Cuota	Interés	Amortización	Saldo
3	8.072,29	900,00	7.172,29	22.827,71
4	8.072,29	684,83	7.387,46	15.440,25
5	8.072,29	463,21	7.609,08	7.831,17
6	8.072,29	234,94	7.831,17	0,00

Ejemplo 2: Se adquiere un préstamo por $20.000, a una tasa de interés del 3% efectiva mensual, para pagarlos en 6 meses median-

te el sistema PRICE. Los 2 primeros meses tienen un periodo de gracia, sólo se pagan intereses.

VA : \$20.000
i : % e.m.
Gracia Reducida: 2 meses (sólo intereses)
n : 4 meses por sistema PRICE

Paso 1: Se halla el Interés mensual durante el período de gracia:

$I = VA * i$

$I = 20.000 * 0,03$

$I = 600$

Paso 2: Se halla el valor de la cuota mensual constante mediante el sistema PRICE:

$C = (VA * i) / [1 - (1 + i)^{-n}]$

$C = 20000 * 0.03 / [1 - (1 + 0.03)^{-4}]$

$C = 600 / 0.1115$

$C = 5.381,17$ Cuota mensual constante

Paso 3: Se elabora la tabla de amortización

Mes	Cuota	Interés	Amortización	Saldo
1	600	600	0	20.000
2	600	600	0	20.000
3	5.381,17	600	4.781,17	15.218,83
4	5.381,17	456,57	4.924,6	10.294,23
5	5.381,17	308,83	5.072,34	5.221,89
6	5.381,17	156,66	5.5.221.89	0,00

Ejemplo 3: Se adquiere a crédito un bien por $15.000, a una tasa de interés del 2.5% efectiva mensual, para pagarlo en 4 meses, mediante el sistema PRICE. El primer mes es un periodo de gracia.

Paso 1: Se halla el interés (I) para los periodos.

$I = VA * i$

15.000 * 0.025 = $375

Paso 2: Se halla el valor de la cuota mensual constante mediante el sistema PRICE:

$C = (VA * i) / [1 - (1 + i)^{-n}]$

C = 15000 * 0.025 / [1 - (1 + 0.025)$^{-3}$]

C = 375 / 0.0714

C = 5.252,1 Cuota mensual constante

Paso 3: Se elabora la tabla de amortización

Mes	Cuota	Interés	Amortización	Saldo
1	375	375	0	15.000
2	5.252,1	375	4.877,1	10.122,9
3	5.252,1	253,1	4.999	5.124
4	5.252,1	128,1	5.124	0,00

Ejemplo 4: Se debe pagar una deuda de $8´000.000 en 6 meses, con el siguiente plan de pago:

- Cuotas mensuales iguales,
- Tasa de interés del 1,6% efectiva mensual,
- Tres períodos de gracia con cuota reducida

Elaborar la tabla de amortización.

Paso 1: Se halla el valor de las cuotas:

VA = 8′000.000

i = 0,016 em

n = 8 - 3 períodos de gracia = 5

A = ?

$A = VA / \{ [1 - (1 + i)^{-n}] / i\} * (1 + i)^{-n}$

$A = 8'000.000 / \{ [1 - (1 + 0,016)-5] / 0,016\} * (1 + 0,016)^{-5}$

A = 1′677.612, 63

Paso 2: Se elabora la tabla de amortización:

PERÍODO	DEUDA	INTERÉS	PAGO	AMORTIZACIÓN
1	8.000.000,00	128.000,00	128.000,00	0,00
2	8.000.000,00	128.000,00	128.000,00	0,00
3	8.000.000,00	128.000,00	128.000,00	0,00
4	$6.450.387,37	$128.000,00	$1.677.612,63	$1.549.612,63
5	$4.875.980,94	$103.206,20	$1.677.612,63	$1.574.406,43
6	$3.276.384,01	$78.015,70	$1.677.612,63	$1.599.596,93
7	$1.651.193,53	$52.422,14	$1.677.612,63	$1.625.190,48
8	$0,00	$26.419,10	$1.677.612,63	$1.651.193,53

- La amortización resulta de restar pago – interés,
- En los períodos 1, 2 y 3 sólo se pagan los intereses,
- Los pagos de los períodos del 4° al 8° son fijos,
- Los intereses resultan de multiplicar la tasa por el saldo de la deuda,
- La deuda resulta de restar el saldo anterior – la amortización del período

9.2. SISTEMA DE AMORTIZACIÓN CON PERÍODO DE GRACIA MUERTO

El período de gracia es un intervalo de tiempo, al inicio de un préstamo, en el que el deudor no paga la cuota completa o no paga nada. Este plazo es otorgado generalmente para facilitar la recuperación financiera, el desarrollo de un proyecto o permitir que el deudor genere ingresos antes de comenzar a pagar.

El período de gracia muerto es aquel en el que el deudor no realiza ningún pago, ni de capital ni de intereses. Durante este período, los intereses se capitalizan, es decir, se suman al saldo del préstamo, lo que aumenta el monto total a amortizar al finalizar dicho período.

Este sistema tiene las siguientes características:

Elemento	Detalle
No se pagan cuotas	Durante el período de gracia, el deudor no realiza ningún desembolso.
Los intereses se capitalizan	Se acumulan al saldo de la deuda, generando un nuevo capital inicial.
Amortización posterior	Comienza una vez finaliza el período de gracia.
Incrementa el valor financiado	El monto a amortizar aumenta respecto al valor originalmente prestado.

Ejemplo 1: Hallar el valor de la cuota de amortización de una deuda de 1´000.000 la cual debe ser cancelada en las siguientes condiciones:

- Número de pagos ordinarios: 4
- Número de períodos de gracia muertos: 2

- Tasa del 10% efectiva de período

a) Hallar la cuota
b) Elaborar la tabla de amortización

a) Se halla la cuota ordinaria

VA = 1´000.000

n = 4 trimestres

i = 0,10 Efectiva trimestral

A = ?

$$VA = A \{ [1 - (1 + i)^{-n}] / i \} (1 + i)^{-n}$$

$1'000.000 = A \{ [1 - (1,10)^{-4}] / 0,10 \} (1,10)^{-2}$

1´000.000 = A { 2,619723509 }

1´000.000 / 2,619723509 = A A = 381.719,70

b) Elaborar la tabla de amortización

PERÍODOS (n)	DEUDA	INTERÉS	CUOTA	AMORTIZACIONES
0	1´000.000	0	0	0
1	1´100.000	100.000	0	- 100.000
2	1´210.000	110.000	0	- 110.000
3	949.280	121.000	381.720	260.720
4	662.488	94.928	381.720	286.792
5	**347.017**	66.249	381.720	315.471
6	0	34.702	381.720	**347.017**

Ejemplo 2: Elaborar una tabla para amortizar la suma de 300.000 bajo las siguientes condiciones:

- Número de pagos ordinarios: 5 Plazo de gracia muerto: 1

- Cuotas extraordinarias: 2 (35.000 en el período 3 y 50.000 en el período 5) Tasa de interés del 8% efectivo de período.

a) Hallar la cuota.

VA = A { [1 - (1 + i)$^{-n}$] / i } (1 + i)$^{-n}$ + 1ª C.E. (1 + i)$^{-n}$ + 2ª C.E. (1 + i)$^{-n}$

300.000 = A { [1 - (1,08) $^{-5}$] / 0,08 } (1,08) $^{-1}$ + 35.000 (1,08) $^{-3}$ + 50.000 (1,08) $^{-5}$

300.000 = A { 3,696953739 } + 27.784,13 + 34.029,16

300.000 = A { 3,696953739 } + 61.813,29

(300.000 - 61.813,29) / 3,696953739 = A

A = 64.428 Cuota ordinaria.

b) Elaborar la tabla da amortización

PERÍODOS (n)	DEUDA	INTERÉS	CUOTA	AMORTIZACIONES
0	300.000	0	0	0
1	324.000	24.000	0	- 24.000
2	285.492	25920	64.428	38.508
3	208.903	22839	64.428 + 35.000	76.589
4	161187	16.712	64.428	47.715
5	**59.654**	12.895	64.428 + 50.000	101.533
6	0	4.772	64.428	**59.654**

Ejemplo 3: Hallar la 1ª cuota de amortización necesaria para cancelar una deuda de 100.000 con las siguientes condiciones:

- ► Periodos de gracia muerto: 2 (No se paga ni intereses ni cuota)
- ► 4 cuotas ordinarias

- 1 cuota extraordinaria de 20.000 en el período 4, que coincide con el 2º pago ordinario.
- Tasa del 10% efectivo para el período.
- La cuota ordinaria tiene las siguientes características:
  - Crecimiento geométrico del 20%
  - Decrecimiento geométrico del 20%

a) Cuota con crecimiento geométrico del 20%

VA = 100.000

n = 4 trimestres

i = 0,10 Efectiva trimestral

g = 0,20

A = ?

$$VA = \{ \{ A1 [(1 + g)^{n} (1 + i)^{-n} - 1] \} / g - i \} (1 + i)^{-n} + C.E. (1 + i)^{-n}$$

$$100.000 = \{ \{ A1 [(1{,}20)^{4} (1{,}10)^{-4} - 1] \} / 0{,}20 - 0{,}10 \} (1{,}10)^{-2} + 20.000 (1{,}10)^{-4}$$

100.000 = A1 [3.440468603] +13.660,30

100.000 - 13.660,30 = A1 [3.440468603]

86.339,7 / 3,440468603 = A

A = 25.095,34

La primera cuota de amortización con un gradiente geométrico creciente del 20% es de $ 25.095,34

b) Cuota decreciente geométrica del –20%

$\boldsymbol{VA}$ = 100.000

$\boldsymbol{n}$ = 4 trimestres

$\boldsymbol{i}$ = 0,10 Efectiva trimestral

$\boldsymbol{g}$ = - 0,20

A = ?

$\boldsymbol{VA = \{ \{ A1 [(1 + (-g))^{n} (1 + i)^{-n} - 1] \} / -g - i \} (1 + i)^{-n} + C.E. (1 + i)^{-n}}$

$100.000 = \{ \{ A1 [(1 - 0,20)^{4} (1,10)^{-4} - 1] \} / -0,20 - 0,10 \} (1,10)^{-2} + 20.000 (1,10)^{-4}$

$100.000 = \{ \{ A1 [(0,80)^{4} (1,10)^{-4} - 1] \} / -0,30 \} 0,826446281 + 13.660,3$

100.000 = A1 [1,984125862] +13.660,3

100.000 - 13.660,30 = A (1,984125862)

86.339,7 / 1,984125862 = A

A = 43.515,2

La primera cuota de amortización con un gradiente geométrico decreciente de (-20%) es de $ 43.515,2

Ejemplo 4: Elabore una tabla para amortizar la suma de 100.000 en 2 años, más un período de gracia muerto de 6 meses, con intereses al 30% Capitalizables mensualmente, mediante pagos trimestrales iguales pero con crecimiento anual de la cuota del 21% (escalonado). Además se efectuará un pago extraordinario de 20.000 al final del mes 18.

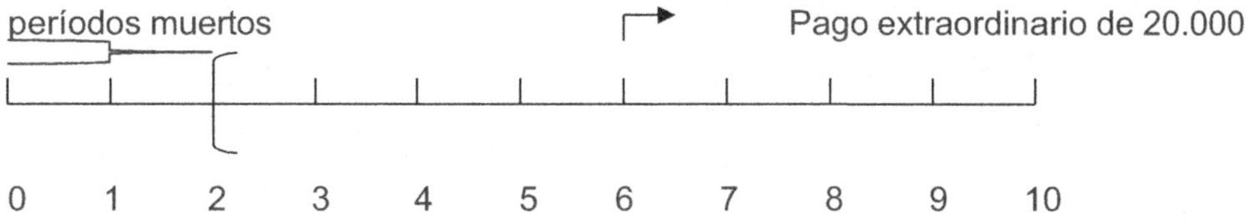

- Se halla la tasa efectiva mensual

$i = j / m$

$i = 0{,}30 / 12 =$ **0,025** Tasa efectiva mensual

- Se halla la tasa efectiva trimestral

$(1 + i)^{n} = (1 + i)^{n}$

$(1{,}025)^{12} = (1 + i)^{4}$

$(1{,}025)^{12/4} = (1 + i)^{4/4}$

$(1{,}025)^{3} = 1 + i$

$(1{,}025)^{3} - 1 = i = 0{,}0768906$ Tasa efectiva trimestral

- Se halla la tasa efectiva anual

$(1{,}025)^{12} = (1 + i)^{1}$

$i =$ **0,344888824** Tasa efectiva anual Se halla la cuota ordinaria

VA = 100.000

i = 0,0768906 Efectiva trimestral

i = 0,344888824 Efectiva anual

n = 2 años

g = 0,21 anual

$$VA = \{ \{ A1 [(1 + g)^{n} (1 + i)^{-n} - 1] \} / g - i \} (1 + i)^{-n} + C.E. (1 + i)^{-n}$$

$100.000 = [[A1\ [(1{,}21)^{2} (13448)^{-2} - 1]\ ] / 0{,}21 - 0{,}344888] (1{,}07689)^{-2} + 20.000\ (1{,}07689)^{-6}$

100.000 = A1 [1,412672545] (0,8624) + 12.823,32

100.000 - 12.823,32 = A1 [1,2180]

87.176,68 / 1,2180 = A = ***71.573,63*** Cuota anual del 1º año

- Se hallan las cuotas trimestrales del 1º año

F = 71.573,63

n = 4

i = 0,0768906

A = ?

$$F = A \{ [(1 + i)^{n} - 1] / i \}$$

71.573,63 = A {[(1,0768906) ^{4} - 1] / 0,0768906}

71.573,6289 = A (4,485446)

A = 71.573,6289 / 4,485446

A = 15.956,54 Valor cuota

- Se elabora la tabla de amortización

PERÍODOS (n)	DEUDA	INTERÉS	CUOTA	AMORTIZACIONES
0	100.000	0	0	0
1	107.689,06	7.689,06	0	- 7.689,06
2	115.969,34	8.280,28	0	- 8.280,28
3	108.929,75	8.916,95	15.956,54	7.039,59
4	101.348,89	8.375,67	15.956,54	7.580,87
5	93.185,13	7,792,78	15.956,54	8.163,76
6	64.393,65	7.165,06	15.956,54(0,21)	8.791,48 + 20.000
7	50.037,5	4.951,27	19.307,41	14.356,14
8	34.577,5	3.847,4	19.307,41	15.460
9	17.928,8	2.658,68	19.307,41	16.648,72
10	0	1.378,55	19.307,41	17.928,8

9.3. SISTEMA DE AMORTIZACIÓN CON PERÍODO DE GRACIA REDUCIDO Y PERÍODO DE GRACIA MUERTO

Ejemplo 1: Se debe pagar una deuda de 4´000.000 en 8 meses, a una tasa de interés del 1,6% efectiva mensual, con el siguiente plan de pagos:

- 2 períodos de gracia con cuota reducida; es decir, paga sólo los intereses;
- 1 período de gracia muerto; es decir, no paga intereses ni abona a la deuda.
- El valor de VA es la deuda más los intereses que no se pagan en el período de gracia muerto.

Paso 1: Se halla el valor de las cuotas:

VA = 4´064.000

i = 0,016 em

n = 8 - 3 períodos de gracia = 5 A = ?

$A = VA / \{[1-(1+i)^{-n}]/i\}$

$A = 4'064.000 / \{[1-(1+0,016)^{-5}]/0,016\}$

A = 4´064.000 / 4,768681375

A = 852.227,21

En Excel se puede hallar por ***fx***

Figura 17

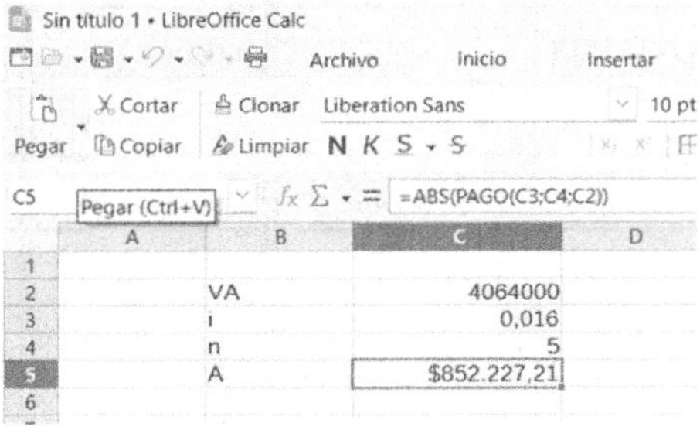

O también se puede hallar formulado en Excel:

Figura 18

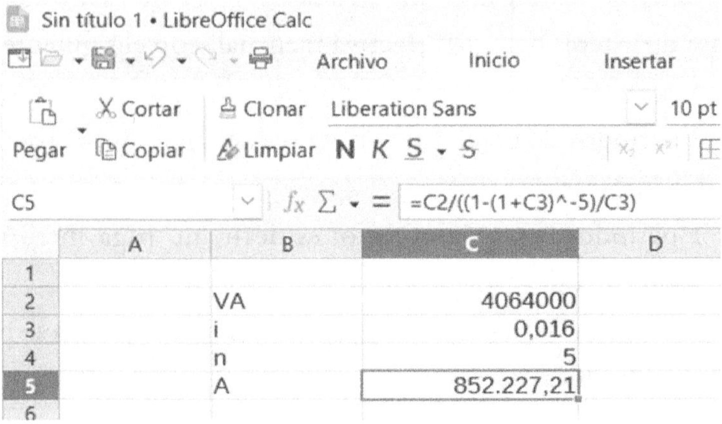

Paso 2: Se elabora la tabla de amortización:

Para elaborar la tabla de amortización se debe tener en cuenta que:

- En los períodos 1 y 2, sólo se pagan los intereses pero no se amortiza a la deuda;
- En el período 3, no se pagan intereses ni se amortiza a la deuda, pero el monto que no se amortiza se suma a la deuda del período 3.

PERÍODO	DEUDA	INTERÉS	PAGO	AMORTIZACIÓN
0	4.000.000,00	0,00	0,00	0,00
1	4.000.000,00	64.000,00	64.000,00	0,00
2	4.000.000,00	64.000,00	64.000,00	0,00
3	4.064.000,00	64.000,00	0,00	(64.000,00)
4	3.276.796,79	65.024,00	852.227,21	787.203,21
5	2.476.998,32	52.428,75	852.227,21	799.798,47
6	1.664.403,08	39.631,97	852.227,21	812.595,24
7	838.806,31	26.630,45	852.227,21	825.596,77
8	0,00	13.420,90	852.227,21	838.806,31

Ejemplo 6: Se debe pagar una deuda de 7'000.000, a una tasa de interés del 1,2% efectiva mensual, con el siguiente plan de pagos:

- 2 períodos de gracia con cuota reducida; es decir, paga sólo los intereses,
- 2 período de gracia muerto; es decir, no paga intereses ni abona a la deuda,
- 5 pagos mensuales iguales

El valor de VA es la deuda más los intereses que no se pagan en los períodos de gracia muerto.

Paso 1: Se halla el valor de las cuotas:

VA = 7'169.008

i = 0,012 em

n = 9 - 4 períodos de gracia = 5

A = ?

$$A = VA / \{[1-(1+i)^{-n}]/i\}$$

$A = 7'169.008 / \{[1-(1+0,012)^{-5}]/0,012\}$

$A = 7'169.008 / \{(1-0,9421)/0,012\}$

$A = 7'169.008 / 4,82492$ $A = 1'485.828,91$

En Excel se puede hallar por ***fx***

Figura 19

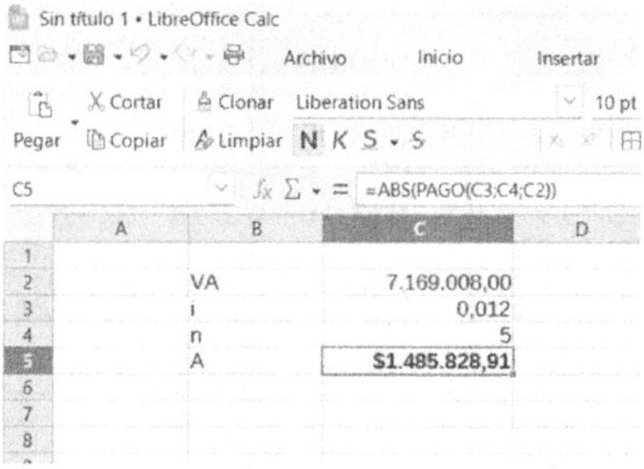

También se puede hallar formulado en Excel:

Figura 20

Paso 2: Se elabora la tabla de amortización:

Para elaborar la tabla de amortización se debe tener en cuenta que:

- En los períodos 1 y 2, sólo se pagan los intereses pero no se amortiza a la deuda;
- En los períodos 3 y 4, no se pagan intereses ni se amortiza a la deuda, pero el monto que no se amortiza se suma a la deuda del período 3 y 4.

PERÍODO	DEUDA	INTERÉS	PAGO	AMORTIZACIÓN
0	7.000.000,00	0,00	0,00	0,00
1	7.000.000,00	84.000,00	84.000,00	0,00
2	7.000.000,00	84.000,00	64.000,00	0,00
3	7.084.000,00	84.000,00	0,00	-84.000,00
4	7.169.008,00	85.008,00	0,00	-85.008,00
5	5.769.207,19	86.028,10	1.485.828,91	1.399.800,81
6	4.352.608,76	69.230,49	1.485.828,91	1.416.598,42
7	2.919.011,16	52.231,31	1.485.828,91	1.433.597,60
8	1.468.210,38	35.028,13	1.485.828,91	1.450.800,78
9	0,00	17.618,52	1.485.828,91	1.468.210,38

EJERCICIOS PARA RESOLVER

Ejercicio 1: Se adquiere un préstamo por $200.000 para pagarlos mediante 10 pagos trimestrales iguales, a una tasa de interés del 7% efectiva trimestral.

a.) Hallar el valor de los pagos trimestrales

b.) Elaborar la tabla de amortización para el crédito.

Ejercicio 2: Elaborar la tabla de amortización de un crédito de $ 50.000, a 12 meses, con una tasa de interés del 2,3% efectiva mensual.

a.) Hallar el valor de la amortización constante.

b.) Elaborar la tabla de amortización utilizando el Sistema SAC.

c.) Determinar el monto total pagado por intereses.

d.) Determinar el monto total pagado por el préstamo.

Ejercicio 3: Una persona adquiere un bien por $80.000.000 para pagarlo mediante 72 cuotas mensuales iguales, a una tasa de interés del 1.4% efectiva mensual. Hallar el valor de los pagos mensuales.

EJERCICIOS DE REPASO

1. Elaborar una tabla para amortizar la suma de 300.000 en 4 pagos trimestrales uniformes, con una cuota extraordinaria de 50.000 en el período 3. Suponga una tasa del 10% efectivo para el período.
    - Se halla el valor de la cuota ordinaria.

VA = 300.000

i = 0,10 Efectiva trimestral

n = 4 trimestres

A = ?

$$VA = A \{ [1 - (1 + i)^{-n}] / i \} + C.E. (1 + i)^{-n}$$

$$300.000 = A \{ [1 - (1{,}10)^{-4}] / 0{,}10 \} + 50.000 (1{,}10)^{-3}$$

$$300.000 = A \{ [1 – 0{,}6830134554] / 0{,}10 \} + 50.000 (0{,}75131448)$$

$$300.000 = A\{ 3{,}16986544\} + 37.565{,}7$$

$$(300.000 - 37.565{,}7) / 3{,}16986544 = A$$

$$A = 82.790{,}35$$

- Conociendo la cuota trimestral se elabora la tabla de amortización.

PERÍODOS (n)	DEUDA	INTERÉS	CUOTA	AMORTIZACIONES
0	300.000	0	0	0
1	247.209,65	30.000	82.790,35	52.790,35
2	189.140,27	24.720.97	82.790,35	58.069,38
3	**75.263,92**	18.914	82.790,35 + 50.000	113.876,35
4	**0**	7.526,39	82.790,35	**75.263,92**

- Este problema se puede resolver por factores.

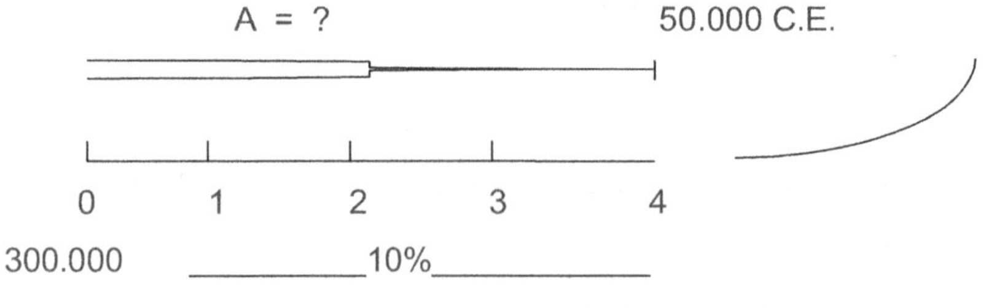

- Se lleva a valor futuro de 4 (F4) los 300.000

F4 = P (F / P; i; n)

F4 = 300.000 (F / P; 10; 4)

F4 = 439.230

- Se lleva a valor futuro la cuota extraordinaria Fx

Fx = P (F / P; i; n)

Fx = 50.000 (F / P; 10; 1)

Fx = 55.000

- De F4, se resta Fx (55.000)

439.230 - 55.000 = 384.230

- Se halla la cuota (A)

A = F (A / F; i; n)

A = 384.230 (A / F; 10: 4)

A = 82.790,35 Valor de la cuota ordinaria.

2. Un automóvil cuesta 4´000.000 y se puede financiar el 60% para ser pagados en cuotas mensuales durante 3 años con un interés del 36% capitalizables mensualmente. Hallar la cuota mensual.

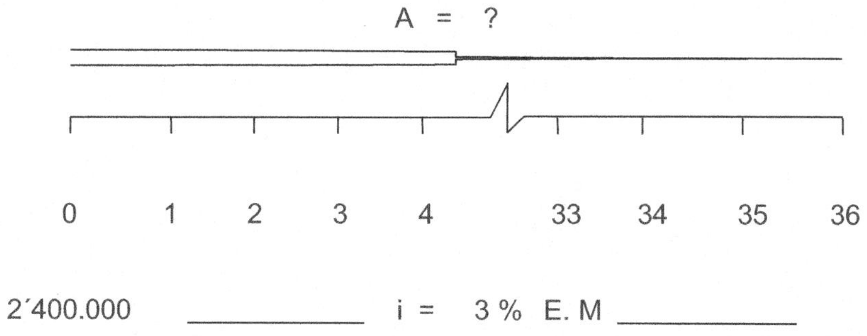

VA = 2´400.000

i = 0,03 E. M.

n = 36 meses

A = ?

VA = A { [1 - (1 + i) $^{-n}$] / i }

2´400.000 = A { [1 - (11,03) $^{-36}$] / 0,03 }

2´400.000 = A { 21,8322525 }

2´400.000 / 21,8322525 = A A = 109.929,11

Se puede hallar por **factores**

A = P (A / P; i; n)

A = 2´400.000 (A / P; 3; 36)

A = 109.929,11

3. Una deuda de 2´000.000 está siendo amortizada mediante pagos mensuales uniformes, durante 15 años, con un interés del 27,6% capitalizable mensualmente. Determinar qué parte del pago 64 va a pago de intereses y qué parte a amortización de la deuda.

- Se halla la tasa efectiva mensual.

i = j / m

i = 0,276 / 12

i = 0,023 Efectiva mensual

- Se halla la cuota general.

VA = 2´000.000

n = 180 meses

i = 0,023 Efectiva mensual

A = ?

VA = A { [1 - (1 + i) $^{-n}$] / i }

2´000.000 = A { [1 - (1,023)$^{-180}$] / 0,023 }

2´000.000 = A { 42,75272633 }

2´000.000 / 42,75272633 = A

A = 46.780,64 Valor cuota ordinaria

- Se halla la deuda después de haber efectuado el pago 63. (180 – 63 = 117).

VA = ?

n = 117 meses

i = 0,023 Efectiva mensual

A = 46.780,64

$VA = A \{ [1 - (1 + i)^{-n}] / i \}$

$VA = 46.780,64 \{ [1 - (1,023)^{-117}] / 0,023 \}$

$VA = 46.780,64 \{ 40,43861479 \}$

VA = 1´891.744,28 Valor de la deuda después de haber pagado la cuota 63

- Se elabora la tabla de amortización a partir del pago 63 para determinar qué parte de la cuota 64 va a pago de intereses y qué parte a amortizar la deuda.

PERÍODOS (n)	DEUDA	INTERÉS	CUOTA	AMORTIZACIONES
63	1´891.744,28	0	0	0
64		43.510,12	46.780,64	3.270,52

De la cuota 64, $ 43.510,12 va a pago de intereses y $ 3.270,52 a amortización de la deuda.

4. Una deuda de 1´000.000 está siendo amortizada en pagos mensuales durante 15 años con intereses del 30% capitalizables mensualmente. Elaborar una tabla de amortización que muestre únicamente los períodos 108, 109 y 110.

- Se halla la tasa efectiva mensual.

i = j / m

$i = 0{,}30 / 12$

$i = 0{,}025$ Efectiva mensual Se halla la cuota mensual.

$VA = 1'000.000$

$n = 180$ meses

$i = 0{,}025$ Efectiva mensual

$A = ?$

$$\mathbf{VA = A \{[1 - (1 + i)^{-n}] / i\}}$$

$$1'000.000 = A \{ [1 - (1{,}025)^{-180}] / 0{,}025 \}$$

$$1'000.000 = A \{ 39{,}53036093 \}$$

$$1'000.000 / 39{,}53036093 = A$$

$A = 25.297$ Valor cuota ordinaria

- Se halla la deuda después de haber efectuado el pago 107. (180 – 107 = 73)

$VA = ?$

$n = 73$ meses

$i = 0{,}025$ Efectiva mensual

$A = 25.297$

$$\mathbf{VA = A \{ [1 - (1 + i)^{-n}] / i \}}$$

$VA = 25.297 \{ [1 - (1{,}025)^{-73}] / 0{,}025 \}$ $VA = 25.297 \{ 33{,}40495717\}$

$VA = 845.045{,}48$ Valor de la deuda después de haber pagado la cuota 107

- Se elabora la tabla de amortización a partir del pago 107, que muestre los períodos 108, 109 y 110

PERÍODOS (n)	DEUDA	INTERÉS	CUOTA	AMORTIZACIONES
107	845.045,48	0	0	0
108	840.874,60	21.126,14	25.297	4.170,87
109	836.599,46	21.021,86	25.297	4.275,14
110	832.217,43	20.914,99	25.297	4.382,02

5. Elaborar una tabla en períodos anuales que muestre la amortización de 300.000 en 4 pagos, pero cada pago se efectúa cada 2 años y son crecientes en un 30%. Suponer una tasa del 24% efectiva anual.

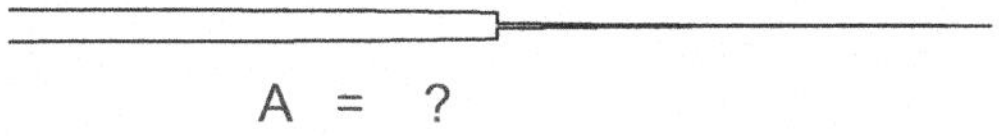

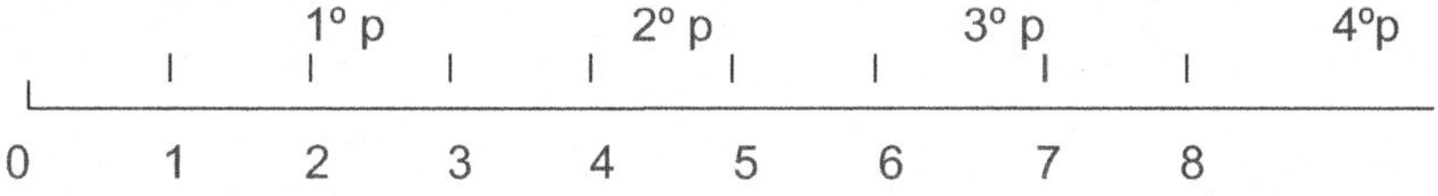

a) Se hace la conversión de tasa efectiva anual a tasa efectiva bianual

$(1 + i)^{n} = (1 + i)^{n}$

$(1{,}24)^{2} - 1 = i$

$0{,}5376 = i$ Tasa efectiva bianual

b) Se halla la cuota ordinaria

VA = 300.000

n = 4 años

i = 0, 5376

g = 0,30

A = ?

$VA = \{ A1 [(1 + g)^{n} (1 + i)^{-n} - 1] \} / \mathbf{g - i}$

$300.000 = \{ A1 [(1{,}30)^{4} (1{,}5376)^{-4} - 1] \} / 0{,}30 - 0{,}5376$

$300.000 = A1 [2{,}05819]$

$300.000 / 2{,}05819 = A$

$A = 145.759{,}5$

b) Se elabora la tabla de amortización teniendo en cuenta que los pagos tienen un incremento del 30%.

145.759,5					**1ª cuota**
145.759,51	x	0,30	=	189.487,36	**2ª cuota**
189.487,36	x	0,30	=	246.333,57	**3ª cuota**
246.333.57	x	0,30	=	320.233,64	**4ª cuota**

PERÍODOS (n)	DEUDA	INTERÉS	CUOTA	AMORTIZACIONES
0	300.000	0	0	0
1	372.000	72.000	0	- 72.000
2	315.520,49	89.280	145.759,51	56.479,51
3	391.245,41	75.724,92	0	-75.724,92
4	295.656,94	93.898,90	189.487,36	95.588,46
5	366.614,60	70.957,67	0	- 70.957,67
6	208.268,53	87.987,50	246.333,57	158.346,07
7	**258.252,97**	49.984,45	0	- 49.984,45
8	0	61.980,71	320.233,64	**258.252,97**

6.) Elaborar una tabla de amortización para cancelar una deuda de 700.000 en 3 años mediante pagos semestrales bajo las siguientes condiciones:

- Tasa de interés del 28% capitalizables semestralmente.
- Dentro de cada año el pago permanece constante, pero cada año:

a) El valor aumenta un 20%

b) El Valor disminuye un 20%

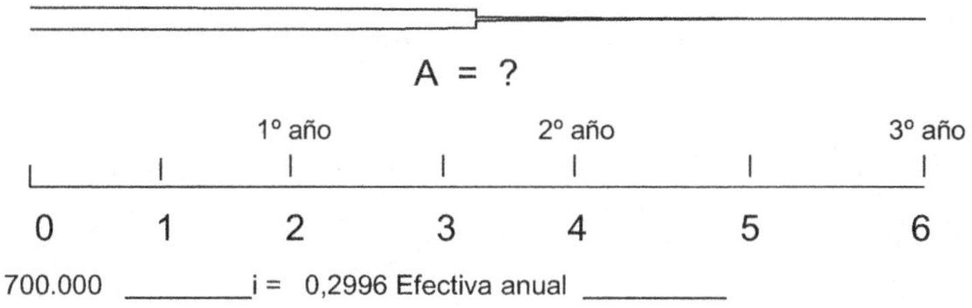

- Se hace la conversión de la tasa capitalizable semestral a efectiva semestral y luego a efectiva anual.

$J = 28\%$

$m = 2$

$i = j / m$

$i = 0{,}28 / 2 = 0{,}14$ Tasa efectiva semestral

$(1 + i)^{n} = (1 + i)^{n}$

$(1{,}14)^{2} = (1 + i)^{1}$

$1{,}2996 - 1 = i = 0{,}2996$ Tasa efectiva anual

AÑO 1

- Se halla la cuota anual

$VA = 700.000$

$n = 3$ años

$i = 0{,}2996$ efectiva anual

$g = 0{,}20$

$A = ?$

$VA = \{ A1 [(1 + g)^{n} (1 + i)^{-n} - 1] \} / \mathbf{g - i}$

$700.000 = \{A1 [(1,20)^{3} (1,2996)^{-3} - 1] \} / 0,20 - 0,2996$

$700.000 / 2,13600465 = A = 327.715$ Valor cuota anual

- Conociendo la cuota anual se halla la cuota semestral del 1º año

VF = 327.715

i = 0,14 Efectiva semestral n = 2 semestres

A = ?

$\boldsymbol{VF = A \{ [(1 + i)^{n} - 1] / i \}}$

$327.715 = A \{ [(1,14)^{2} - 1] / 0,14 \}$

$327.715 / 2,14 = A = 153.138$ Valor cuota semestral del 1º año.

AÑO 2

a.) **Se halla la cuota semestral para el 2º año, teniendo en cuenta que aumenta en un 20%**

327.715 x 1,20 = 393.258 Valor cuota anual del 2º año.

VF = 393.258

i = 0,14 Efectiva semestral n = 2 semestres

A = ?

$\mathbf{VF = A \{ [(1 + i)^{n} - 1] / i \}}$

$393.258 = A \{ [(1,14)^{2} - 1] / 0,14 \}$

$393.258 / 2,14 = A = 183.765$ Valor cuota semestral del 2º año.

AÑO 3

- Se halla la cuota semestral para el 3º año, teniendo en cuenta que de un año a otro aumenta en un 20%

393.258 x 1,20 = 471.908 Valor cuota 3º año.

VF = 471.908

i = 0,14 Efectiva semestral

n = 2 semestres

A = ?

VF = A { [(1 + i) ^{n} - 1] / i }

471.908 = A { [(1,14) ^{2} - 1] / 0,14 }

471.908 / 2,14 = A = 220.518 Valor cuota semestral del 3º año.

- Se elabora la tabla de amortización.

PERÍODOS (n)	DEUDA	INTERÉS	CUOTA	AMORTIZACIONES
0	700.000	0	0	0
1	644.863	98.000	153.138	55.138
2	582.006	90.281	153.138	62.857
3	479.722	81.481	183.765	102.284
4	363.118	67.161	183.765	116.604
5	**193.437**	50.837	220.518	169.681
6	0	27.081	220.518	**193.437**

b) Se resuelve el problema teniendo en cuenta que la cuota disminuye de un año a otro en 20%

VA = 700.000

n = 3 años

i = 0, 2996 Efectiva anual

g = - 0,20

A = ?

$$\mathbf{VA = \{ A1 [(1 + g)^{n} (1 + i)^{-n} - 1] \} / g - i}$$

$$700.000 = \{ A1 [(1 + (-20))^{3} (1,2996)^{-3} - 1] \} / - 0,20 - 0,2996$$

700.000 / 1,5347071 = A = 456.113 Valor cuota anual 1º año

AÑO 1

- Conociendo la cuota anual se halla la cuota semestral del 1º año

VF = 456.113

i = 0,14 Efectiva semestral n = 2 semestres

A = ?

$$\mathbf{VF = A \{ [(1 + i)^{n} - 1] / i \}}$$

$$456.113 = A \{ [(1,14)^{2} - 1] / 0,14\}$$

456.113 / 2,14 = A

A = **213.137** Valor cuota semestral del 1º año.

AÑO 2

- Se halla la cuota semestral para el 2º año, teniendo en cuenta que disminuye en un 20%

456.113 x 0,80 = 364.890 Valor cuota anual del 2º año.

VF = 393.258

i = 0,14 E. S.

n = 2 semestres

A = ?

$$\mathbf{VF = A \{ [(1 + i)^{n} - 1] / i \}}$$

$$364.890 = A \{ [(1,14)^{2} - 1] / 0,14\}$$

364.890 / 2,14 = A

A = 170.510 Valor cuota semestral del 2º año.

AÑO 3

- Se halla la cuota semestral para el 3º año, teniendo en cuenta que de un año a otro disminuye en un 20%

364.890 x 0,80 = 291.912 Valor cuota 3º año.

VF = 291.912

i = 0,14 Efectiva semestral

n = 2 semestres

A = ?

VF = A { [(1 + i) ^{n} - 1] / i }

291.912 = A { [(1,14) ^{2} - 1] / 0,14 }

291.912 / 2,14 = A

A = 136.408 Valor cuota semestral del 3º año.

- Se elabora la tabla de amortización.

PERÍODOS (n)	DEUDA	INTERÉS	CUOTA	AMORTIZACIONES
0	700.000	0	0	0
1	584.863	98.000	213.137	115.137
2	453.607	81.881	213.137	131.256
3	346.602	63.505	170.510	107.005
4	224.617	48.524	170.510	121.985
5	119.656	31.446	136.408	104.961
6	0	16.752	136.408	119.656

7. Elaborar una tabla para amortizar la suma de 70.000, en pagos semestrales, con las siguientes condiciones:

a) El 1º año se otorga como período de gracia muerto (significa que no hay pagos y los intereses que se causan se abonan a capital)
b) El segundo año se otorga como período de gracia con cuota reducida (significa que sólo se pagan intereses pero no hay abono a capital)
c) En los siguientes 2 años se efectuarán pagos semestrales ordinarios crecientes en un 15%.
d) Debe incluirse una cuota extraordinaria de 50.000 en el período 6º (la cuota extra coincide con el 2º pago ordinario)
e) Tasa de interés: 30% Capitalizable semestralmente

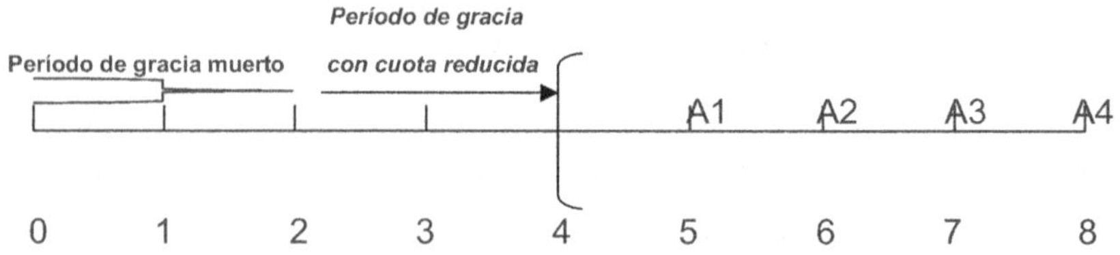

VA = 700.000

n = 4

g = 0,15 semestral

i = 0,30 CS; i = j / m; i = 0,30 / 2; **i = 0,15 efectivo semestral**

VA = A (n) / (1 + i)

$VA = [\ A(n) / (1+i)\ ]\ (1+i)^{-n} + C.\ Extraordinaria\ (1+I)^{-n}$

$700.000 = [\ A(4) / (1{,}15)\ ]\ (1{,}15)^{-2} + 50.000\ (1{,}15)^{-4}$

Períodos en que no se paga intereses

Período en que no realizan los pagos

$700.000 = [\ A(4)\ ]\ (1{,}15)^{-3} + 50.000\ (1{,}15)^{-4}$

700.000 - 28.587,66 = A (2,63006493)

A = 255.283,5598 Cuota del período 5º

- Se elabora la tabla de amortización

PERÍODOS (n)	DEUDA	INTERÉS	CUOTA	AMORTIZACIONES
0	700.000	0	0	0
1	805.000	105.000	0	- 105.000
2	925.750	120.750	0	- 120.750
3	925.750	138.862.50	138.862.50	0
4	925.750	138.862.50	138.862.50	0
5	809.328,94	138.862.50	255.283,56	116.421,06
6	587.152,18	121.399,34	293.576,09 + 50.000	222.176,76
7	**337.612,50**	88.072,83	337.612,50	249.539,67
8	0,00	50.641,88	388.254,38	**337.612,50**

8.) Elaborar una tabla para que el día 1º de septiembre de 2026 se hayan reunido 500.000 con las siguientes condiciones:

a) Depósitos semestrales ordinarios de $A c/u; el primer depósito se efectuará el 1º de marzo de 2024; el último depósito se efectuará el 1º de septiembre de 2025. (Quiere decir que hay 2 períodos de gracia muerto)

b) Se hará un depósito extraordinario de $ 70.000 el 1º de marzo de 2025;

c) La tasa de interés es del 30% CS.

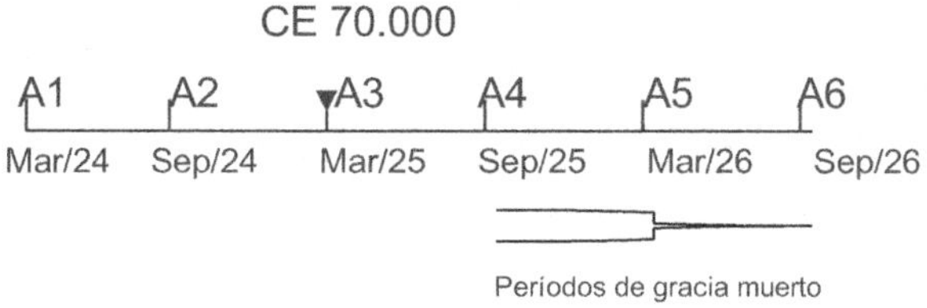

VF = 500.000

n = 4 semestres

i = 0,30 CS; i = j / m; i = 0,30 / 2; i = 0,15 efectivo semestral

VF = A[[(1 + i) ^{n} - 1] / i]

500.000 = A[[(1,15) ^{4} - 1] / 0,15] (1,15) ^{2} + 70.000 (1,15) ^{3}

500.000 – 106.461,25 = A[6,6037382]

393.538,75 / 6,6037382 = A

A = 59.593,33 Valor del 1º depósito

- Se elabora la tabla de amortización

FECHA	PERÍODOS (n)	ACUMULADO	INTERÉS	DEPÓSITO	INCREMENTO
1-3-86	1	59.593,33	0.00	59.593.33	59.593,33
1-9-86	2	128.125,66	8.939,00	59.593,33	68.532,33
1-3-87	3	276.937,84	19.218,85	59.593,33 + 70.000	148.812,18
1-9-87	4	378.071,85	41.540,68	59.593,33	101.134,01
1-3-88	5	434.782,63	56.710,78	0.00	56.710,78
1-9.88	6	500.000	65.217,39	0.00	65.217,39

CAPÍTULO 10

INDICADORES FINANCIEROS PARA LA EVALUACIÓN DE PROYECTOS

La evaluación financiera de proyectos es una herramienta fundamental para determinar la viabilidad económica de una inversión, ya sea pública o privada. A través del análisis de los flujos de caja esperados, la tasa de descuento y los indicadores financieros clave, es posible tomar decisiones informadas que optimicen los recursos y minimicen riesgos.

A la Evaluación Financiera de Proyectos se le conoce también como el proceso mediante el cual se analizan y valoran los resultados económicos esperados de un proyecto de inversión, utilizando métodos cuantitativos para anticipar beneficios y costos futuros.

Elemento	Descripción
Inversión inicial	Desembolso de capital al inicio del proyecto
Flujos netos de caja	Ingresos menos egresos operativos estimados por periodo
Vida útil del proyecto	Horizonte temporal en el cual se esperan beneficios
Tasa de descuento	Costo de oportunidad del capital o tasa mínima esperada de retorno

10.1. VALOR PRESENTE NETO (VPN)

El Valor Presente Neto (VPN) es uno de los métodos más importantes y utilizados para la evaluación financiera de proyectos. Representa la diferencia entre el valor actual de los ingresos futuros esperados (flujos netos de caja) y la inversión inicial.

$$VPN = \sum_{t=1}^{n} \frac{F_t}{(1+i)^t} - I_0$$

O

VPN = Ft * [1- (1 + i)$^{-n}$) / i)] - Io

Donde:

***F_t*:** flujo neto de caja en el periodo t

***i*:** tasa de descuento

***I_o*:** inversión inicial

***n*:** Tiempo

- **Interpretación**:
  - **VPN > 0:** el proyecto es rentable y genera valor
  - **VPN = 0:** el proyecto es indiferente, recupera exactamente la inversión

- **VPN** < **0:** el proyecto no es rentable

- **Ventajas del VPN:**
  - Considera el valor del dinero en el tiempo
  - Evalúa todos los flujos de caja del proyecto
  - Es útil para comparar proyectos mutuamente excluyentes

- **Limitaciones**:
  - Depende de una estimación adecuada de la tasa de descuento
  - Supone que los flujos se reinvierten a la misma tasa de descuento

Ejemplo práctico 1

Si un proyecto requiere de una inversión inicial de $10.000, para obtener unos flujos esperados de $3.000 anuales, durante 5 años; ¿Cuál es el VPN, si la tasa de descuento que renta este tipo de proyectos en el mercado es del 10%? ¿Es viable el proyecto?

F_t: 3.000
i: 0,10
I_o: 10.000
n: 5

$VPN = Ft * [1- (1 + i)^{-n}) / i)] - Io$
$\text{VPN} = 3.000 * [1- (1 + 0{,}10)^{-5}) / 0{,}10)] - 10.000$
$\text{VPN} = 3.000 * [1- (0{,}62092) / 0{,}10)] - 10.000$
$\text{VPN} = 3.000 * [0{,}379078 / 0{,}10)] - 10.000$
$\text{VPN} = 3.000 * [3{,}790786] - 10.000$
$\text{VPN} = 11.372{,}36 – 10.000$

VPN = 1.372,36

Interpretación del VPN: El proyecto es viable financieramente.

En Excel:

Figura 21

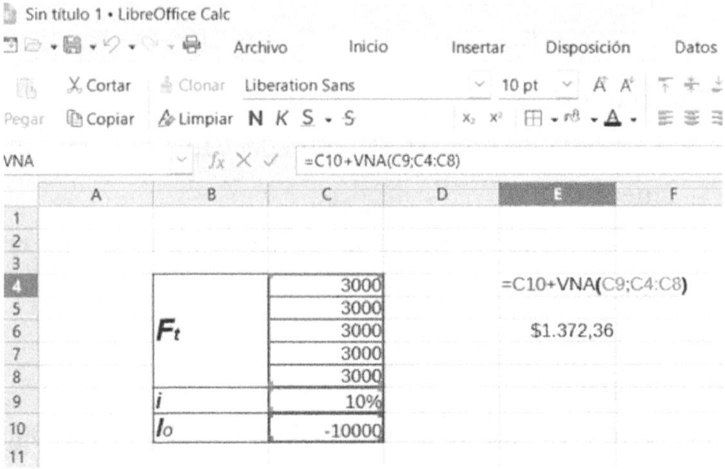

Como se puede observar, el valor de la inversión inicial (I_o) debe ser negativo

Análisis: Como el VNA > 0, entones se concluye que el proyecto es viable.

Ejemplo práctico 2:

Un proyecto requiere una inversión inicial de $12.000; los flujos de caja que arroja el proyecto anualmente es de $3.500 durante 5 años. La tasa de descuento que renta este tipo de proyectos en el mercado es del 8% anual, ¿Cuál es el VPN de proyecto? ¿Es viable financieramente?

F_t: 3.500

i: 0,08

I_o: 12.000

n: 5

$$VPN = Ft * [\, 1 - (\, 1 + i\,)^{-n}) / i)\,] - Io$$

$$VPN = 3.500 * [\, 1 - (\, 1 + 0{,}08\,)^{-5}) / 0{,}08)\,] - 12.000$$

$$VPN = 3.500 * [\, 1 - (\, 0{,}680583) / 0{,}08)\,] - 12.000$$

$$VPN = 3.500 * [\, 3{,}99271\,] - 12.000$$

$$VPN = 13.974{,}49 - 12.000$$

$$VPN = 1.974{,}49$$

Conclusión: El proyecto es viable financieramente.

Figura 22

En Excel:

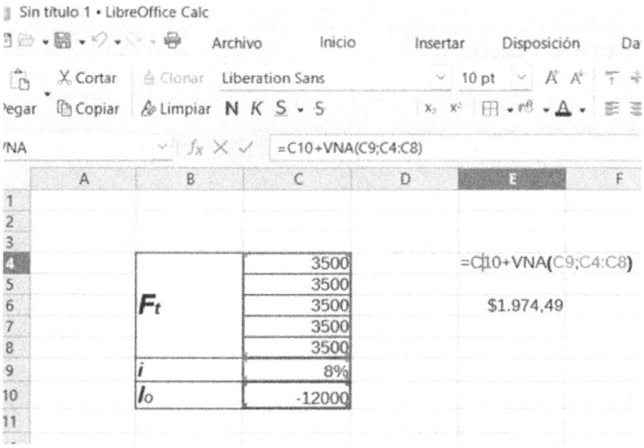

Análisis: Como el VNA > 0, se concluye que el proyecto es viable.

10.2. TASA INTERNA DE RETORNO (TIR)

La Tasa Interna de Retorno (TIR) es un indicador que representa la tasa de rentabilidad que iguala el valor presente de los flujos netos de caja futuros con la inversión inicial de un proyecto. En otras palabras, es la tasa de interés que hace que el Valor Presente Neto (VPN) sea igual a cero.

La TIR se interpreta como la tasa efectiva de rendimiento del proyecto. Es especialmente útil para comparar diferentes alternativas de inversión.

$$0 = \sum_{t=1}^{n} \frac{F_t}{(1+i)^t} - I_0$$

Donde:
Ft: Flujo neto de caja en el periodo t
i: **Tasa de descuento**
Io: Inversión inicial
n: Tiempo

Interpretación técnica:
TIR > tasa de descuento: el proyecto es financieramente viable.
TIR = tasa de descuento: el proyecto recupera exactamente su inversión, sin generar valor adicional.
TIR < tasa de descuento: el proyecto no cumple con el rendimiento mínimo exigido. No es financieramente viable.

Ventajas de la TIR:

- Permite expresar la rentabilidad de un proyecto en términos porcentuales, facilitando la comparación entre distintas alternativas.
- No requiere especificar una tasa de descuento para su cálculo.

- Es de fácil interpretación para tomadores de decisiones no técnicos.

Limitaciones de la TIR:

- Puede ofrecer múltiples valores en proyectos con flujos no convencionales (cambios de signo).
- No considera el tamaño absoluto del proyecto.
- Puede ser inconsistente al comparar proyectos mutuamente excluyentes.

Ejemplo práctico 1: Si un proyecto requiere de una inversión inicial de $10.000, para obtener unos flujos esperados de $3.000 anuales, durante 5 años; ¿Cuál es la viabilidad del proyecto, si la tasa de descuento que renta este tipo de proyectos en el mercado es del 10%? Hallar la TIR.

Se busca la tasa tal que si:

TIR > tasa de descuento: el proyecto es financieramente viable.

TIR = tasa de descuento: el proyecto recupera exactamente su inversión, sin generar valor adicional.

TIR < tasa de descuento: el proyecto no cumple con el rendimiento mínimo exigido. No es financieramente viable.

Resolviendo el ejercicio utilizando la herramienta Excel, nos quedaría:

Figura 23

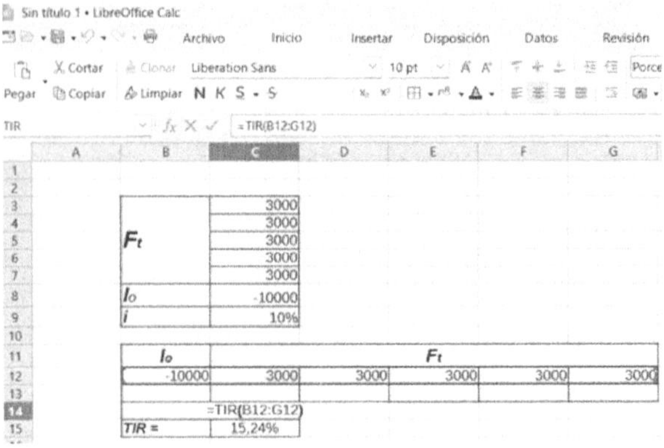

Como se puede observar, la tasa de descuento del proyecto (***i***) es del 10%; mientras que la ***TIR*** es del 15,24%. En este caso se dice que el proyecto es viable financieramente.

Ejemplo práctico 2: Un proyecto requiere una inversión inicial de $12.000; los flujos de caja que arroja el proyecto anualmente es de $3.500 durante 5 años. La tasa de descuento que renta este tipo de proyectos en el mercado es del 8% anual. Determinar la viabilidad del proyecto, hallando la Tasa Interna de Retorno (TIR).

Ft: 3.500

i: 0,08

Io: 12.000

n: 5

Utilizando la herramienta Excel se tendría:

Figura 24

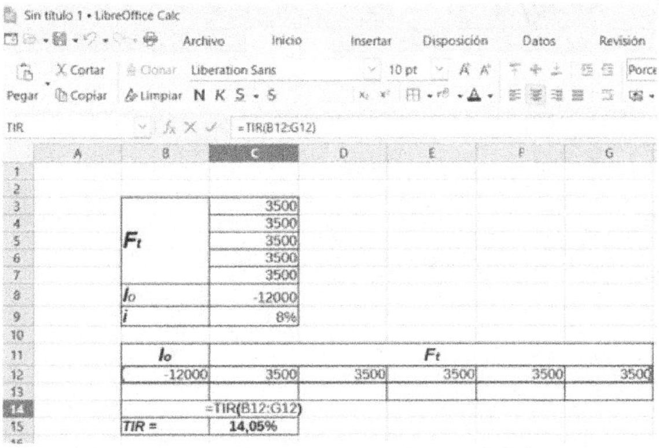

Conclusión: Como la tasa de descuento del proyecto (8%), es menor que la ***TIR*** (14,05%), se concluye que el proyecto es viable financieramente.

Se sugiere escanear el siguiente QR, para ampliar la información y hacer un comparativo entre el VNA y la TIR:

10.3. RELACIÓN BENEFICIO COSTO (B/C-R)

La Relación Beneficio-Costo (R B/C) es un indicador financiero que compara el valor presente de los beneficios de un proyecto con el valor presente de sus costos. Es una herramienta útil para evaluar la eficiencia económica de proyectos de inversión, especialmente en el sector público, en donde se prioriza el beneficio social o económico frente a la inversión realizada.

Fórmula:

$$VP\ Beneficios = Ft * [\ 1- (\ 1 + i\ )^{-n}) / i)\ ]$$

Donde:

Ft: Flujo neto de caja en el periodo t

i: Tasa de descuento

Io: Inversión inicial

n: Tiempo

Interpretación:

Valor de R B/C	Interpretación
$R > 1$	Proyecto rentable
$R = 1$	Proyecto en punto de equilibrio
$R < 1$	Proyecto no rentable

Ejemplo práctico 1: Una empresa evalúa un proyecto con una inversión inicial de $10.000. Se esperan flujos netos de $3.000 anuales durante 5 años. La tasa de descuento es del 10% anual. Calcular la relación beneficio-costo.

Paso 1: Calcular el valor presente de los beneficios

$$VP\ Beneficios = Ft * [\ 1- (\ 1 + i\ )^{-n}) / i)\ ]$$

Ft: 3.000

i: 0,10

Io: 10.000

n: 5

VP Beneficios = Ft * [1- (1 + i)$^{-n}$) / i)]

VP Beneficios = 3.000 * [1- (1 + 0,10)$^{-5}$) / 0,10)]

VP Beneficios = 3.000 * [1- (0,62092) / 0,10)]

VP Beneficios = 3.000 * [0,379078 / 0,10)]

VP Beneficios = 3.000 * 3,790786

VP Beneficios = 11.372,36

Paso 2: Se halla el Beneficio – Costo del proyecto (B/C-R)

B/C = VP Beneficios / ***Io***

B/C = 11.372,36 / 10.000

B/C = 1,1372

Paso 3: Interpretación del resultado Beneficio – Costo del proyecto

El proyecto es rentable, ya que por cada $1 invertido se obtienen $1,14 en beneficios actualizados.

Ejemplo práctico 2: Un proyecto requiere una inversión inicial de $8.000, con flujos de caja esperados de $2.500 anuales por 4 años. Se utiliza una tasa de descuento del 10%.

Paso 1: Calcular el valor presente de los beneficios

$$VP\ Beneficios = Ft * [\ 1- (\ 1 + i\ )^{-n}) / i)\ ]$$

Ft : 2.500

i : 0,10

Io : 8.000

n : 4

$VP\ Beneficios = Ft * [\ 1- (\ 1 + i\ )^{-n}) / i)\ ]$

VP Beneficios = 2.500 * [1- (1 + 0,10 $)^{-4}$) / 0,10)]

VP Beneficios = 2.500 * [1- (0,6830) / 0,10)]

VP Beneficios = 2.500 * [0,316986 / 0,10)] VP Beneficios = 2.500 * 3,1698654

VP Beneficios = 7.924,66

Paso 2: Se halla el Beneficio / Costo del proyecto (B/C-R)

B/C = VP Beneficios / ***Io***

B/C = 7.924,66 / 8.000

B/C = 0,99

Paso 3: Interpretación del resultado Beneficio / Costo del proyecto

El proyecto **NO** es rentable, ya que por cada $1 invertido se obtienen $0,99 en beneficios actualizados; es decir, los beneficios descontados no superan la inversión realizada.

- Tabla comparativa con los indicadores VPN, TIR y B/C - R

Indicador	Mide...	Requiere tasa de descuento	Resultado esperado
VPN	Valor neto actualizado	Sí	Mayor que 0
TIR	Rentabilidad porcentual	No	Mayor que tasa de corte
R B/C	Eficiencia beneficio/costo	Sí	Mayor que 1

- Sugerencias:
    - Siempre usar **B/C-R** en conjunto con el **VPN** y **TIR**.
    - Es útil en proyectos donde se busca maximizar eficiencia más que rentabilidad.
    - Se recomienda para proyectos sociales, ambientales o con recursos limitados.

10.4. PERÍODO DE RECUPERACIÓN DE LA INVERSIÓN (PAYBACK)

El Payback Es un indicador financiero que mide el tiempo necesario para que un proyecto recupere la inversión inicial a través de los flujos netos de caja generados. Se trata de un criterio de liquidez, no de rentabilidad, ya que no considera el valor del dinero en el tiempo.

Fórmula:

Payback = Inversión Inicial (***Io***) / Flujo Anual Constante (***Ft***)

Cuando los Ft no son constantes, se deben acumular año a año, hasta que el valor iguale o supere la inversión.

- Interpretación:
  - **Payback corto:** mayor liquidez y menor riesgo de recuperación.
  - **Payback largo:** mayor exposición al riesgo.

- Ventajas:
  - Fácil de calcular y comprender.
  - Útil para evaluar el riesgo en entornos inciertos.

- Limitaciones:
  - No considera el valor del dinero en el tiempo.
  - Ignora los beneficios generados después del período de recuperación.
  - Puede llevar a rechazar proyectos rentables con recuperación lenta.

- **Ejemplo 1 (Flujos constantes):**

Inversión inicial = $12.000 Flujos netos anuales = $3.000

Payback = Inversión Inicial (***Io***) / Flujo Anual Constante (***Ft***)

Payback = 12.000 / 3.000

Payback = 4 años

Interpretación: La inversión se recupera al final del cuarto año.

- **Ejemplo 2 (Flujos constantes):**

Inversión inicial: $15.000

Flujos netos anuales: $5.000

Payback = Inversión Inicial (***Io***) / Flujo Anual Constante (***Ft***)

Payback = 15.000 / 5.000

Payback = 3 años

Interpretación: La inversión se recupera al final del tercer año.

- **Ejemplo 3 (Flujos NO constantes):**

Inversión inicial: $10.000

Flujos netos anuales:

Año	Flujo neto ($)	Flujo acumulado ($)
1	2.000	2.000
2	3.000	5.000
3	3.000	8.000
4	4.000	12.000

Como se puede observar, en el año 3 aún no se recupera la inversión. Faltaría un flujo de 2.000; por tanto, la recuperación de la inversión inicial se daría entre el año3 y el año 4.

Payback = 3 + (2.000 / 4.000)

Payback = 3 + 0,5 Payback = 3,5 años.

Interpretación: La inversión se recupera al final de los 3 años y medio.

- **Ejemplo 4 (Flujos NO constantes):**

Inversión inicial: $20.000

Flujos anuales: Año 1: $3.000, Año 2: $5.000, Año 3: $6.000, Año 4: $8.000

Año	Flujo neto ($)	Flujo acumulado ($)
1	3.000	3.000
2	5.000	8.000
3	6.000	14.000
4	8.000	22.000

Como se puede observar, en el año 3 aún no se recupera la inversión. Faltaría un flujo de 6.000.

Payback = 3 + (6.000 / 8.000)

Payback = 3 + 0,75 Payback = 3,75 años

Interpretación: La inversión se recupera al final de los 3,75 años; es decir, en 3 años y 9 meses.

- Ejemplo 5 (Flujos NO constantes):

Inversión inicial: $18.000

Flujos anuales: Año 1: $4.000, Año 2: $4.000, Año 3: $6.000, Año 4: $7.000

Año	Flujo neto ($)	Flujo acumulado ($)
1	4.000	4.000
2	4.000	8.000
3	6.000	14.000
4	7.000	21.000

Como observa, en el año 3 aún no se recupera la inversión. Faltaría un flujo de 4.000.

Payback = 3 + (4.000 / 7.000)
Payback = 3 + 0,57
Payback = 3,57 años.
Interpretación: La inversión se recupera al final de los 3,57 años; es decir, en 3 años y 8 meses.

EJERCICIOS

Ejercicio 1: Inversión inicial de $10.000; Flujos esperados, $3.000 anuales durante 5 años. Tasa de descuento: 10%.

Hallar:
a) VPN:
b) TIR (con calculadora o Excel):
c) B/C-R:
d) Payback:

Ejercicio 2:
Proyecto: Inversión inicial de $9.000; Flujos anuales constantes, $2.500 durante 5 años. Tasa de descuento: 6,5%.

Hallar:
a) VPN:
b) TIR:
c) B/C-R:
d) Payback:

CAPÍTULO 11

APLICACIONES ACTUALES Y TOMA DE DECISIONES

La matemática financiera no es una disciplina abstracta, sino una herramienta estratégica que permite optimizar decisiones en todos los niveles. Aplicada con criterio, conocimiento y tecnología, se transforma en una ventaja competitiva tanto para individuos como para organizaciones. Este capítulo analiza cómo los métodos financieros estudiados se aplican en la realidad actual y cómo influyen directamente en decisiones empresariales, personales y públicas.

11.1. APLICACIONES EN LA VIDA REAL

11.1.1 Emprendimientos y empresas

En el ámbito de los emprendimientos y las empresas, la matemática financiera cumple un rol crucial en la planificación, control y evaluación de operaciones. Algunas de sus principales aplicaciones incluyen:

11.1.1.1. Evaluación de proyectos de inversión

Permite estimar si una iniciativa empresarial generará beneficios superiores a su costo, considerando el valor del dinero en el tiempo. Métodos como el VPN, TIR y R B/C son fundamentales para determinar la viabilidad financiera.

Ejemplo: Una Pyme que desea abrir una nueva sucursal puede utilizar estos indicadores para decidir si el retorno esperado justifica la inversión inicial.

Para ampliar la información se sugiere escanear el siguiente código QR:

11.1.1.2. Planeación y control de costos

Mediante proyecciones financieras, se anticipan egresos operativos, costos de producción y necesidades de financiamiento. La matemática financiera ayuda a calcular márgenes de utilidad, puntos de equilibrio y estructuras de precios.

Para ampliar la información se sugiere escanear el siguiente código QR. Curso completo de Planeación y Control de Costos:

11.1.1.3. Gestión del financiamiento y amortización

Las empresas suelen acceder a préstamos para capital de trabajo o expansión. Calcular cuotas, intereses y cronogramas de pagos bajo sistemas como el francés (PRICE) o SAC es esencial para mantener la liquidez y evitar el sobreendeudamiento.

Para ampliar la información sobre gestión del financiamiento y amortización de créditos, con el sistema de pagos de cuotas vencidas, se sugiere escanear los siguientes códigos QR:

Para ampliar la información sobre gestión del financiamiento y amortización de créditos, con el sistema de pagos de cuotas anticipadas, se sugiere escanear los siguientes códigos QR:

11.1.1.4. Toma de decisiones estratégicas

A través del análisis de flujos de caja futuros, tasas de interés y tasas de retorno esperadas, las empresas pueden definir con mayor precisión políticas de reinversión, expansión o diversificación.

Se sugiere escanear el siguiente código QR:

11.1.1.5. Gestión de inventarios y capital de trabajo

La matemática financiera permite proyectar ciclos de conversión de efectivo, evaluar el costo de oportunidad del capital inmovilizado y decidir entre estrategias de financiación a corto o largo plazo.

Estas aplicaciones no sólo contribuyen a mejorar la eficiencia operativa, sino también a fortalecer la sostenibilidad y rentabilidad de las organizaciones.

- Evaluación de proyectos de inversión.
- Determinación de precios y márgenes de utilidad.
- Planeación de amortizaciones y financiamiento.

Se sugiere escanear los siguientes códigos QR:

11.2. FINANZAS PERSONALES

Las finanzas personales son el conjunto de decisiones económicas que una persona o familia toma para gestionar de forma eficiente sus ingresos, gastos, ahorro, inversiones y deudas. La matemática financiera brinda las herramientas necesarias para planificar, evaluar y tomar decisiones racionales que conduzcan a una mejor salud financiera.

Para ampliar la información se sugiere escanear el siguiente código QR:

11.2.1. Planificación de ahorro e inversión

Una buena planificación financiera parte del análisis de los ingresos y egresos, definiendo metas de corto, mediano y largo plazo. Gracias a fórmulas de interés compuesto,
anualidades y valor futuro, una persona puede estimar cuánto necesita ahorrar periódicamente para alcanzar objetivos como:

- Compra de vivienda o vehículo
- Viajes o educación universitaria
- Jubilación o fondo de emergencia

Ejemplo práctico: Si una persona desea tener \$50.000 en 10 años y puede invertir en un instrumento al 6% anual compuesto, puede calcular cuánto debe ahorrar anualmente usando la fórmula de anualidades (A):

$$R = \frac{FV \cdot i}{(1+i)^n - 1}$$

o

$$A = VF / \{ [(1 + i)^{n} - 1] / i \}$$

Para ampliar la información se sugiere escanear el siguiente código QR:

11.2.2. Comparación entre opciones de crédito

Antes de endeudarse, es importante analizar variables como:

- Tasa de interés (Tasa efectiva vs Tasa nominal)
- Plazo del crédito
- Costo total del préstamo (valor presente de las cuotas)
- Sistema de amortización (francés, americano)

Con herramientas como el cálculo de cuotas, tablas de amortización y Tasa de Costo Efectiva Anual _TCEA, el consumidor puede elegir entre distintas alternativas:

- Créditos de consumo (personales, tarjetas de crédito)
- Créditos hipotecarios (a largo plazo, tasas fijas o variables)
- Créditos educativos (plazos flexibles, períodos de gracia)

Para ampliar la información se sugiere escanear el siguiente código QR:

Ejemplo comparativo: Dos entidades ofrecen un crédito de \$20.000 a 3 años. La entidad A cobra 14% nominal anual con sistema francés y la entidad B, cobra 12% nominal anual con el mismo sistema, pero con gastos adicionales de \$800 de comisión inicial . Determinar cuál de las dos opciones representa un menor costo total para el cliente, aplicando fórmulas de amortización y cálculo del costo total efectivo.

Paso 1: Determinar los datos comunes.

Concepto	Valor
Monto del préstamo	\$20.000
Plazo	3 años = 36 meses
Frecuencia	Mensual

Paso 2: Se halla el total pagado en la entidad A.

VA = \$20.000

i = 14% nominal anual = 14% / 12 = 1,1667% efectiva mensual. n = 3 años = 36 meses

A = ?

$$\mathbf{A = VA \{[\, i\,(1 + i)^n\,] / [(1 + i)^n - 1\,]\}}$$

$$A = 20.000 \{[\,0{,}011667(1 + 0{,}011667)^{36}\,] / [(1 + 0{,}011667)^{36} - 1]\}$$

$$A = 20.000 \{[\,0{,}011667(1{,}011667)^{36}\,] / [(1{,}011667)^{36} - 1]\}$$

A = 20.000 {[0,011667(1,518284)] / [1,518284 - 1]}

A = 20.000 {[0,0177138] / [0,518284]}

A = 20.000 {0,0341778}

A ≈ 683,56 Valor cuotas mensuales

Total pagado entidad A: $683,56 * 36 = $24.608,16

Paso 3: Se halla el total pagado en la entidad B.

VA = $20.000

i = 12% nominal anual = 12% / 12 = 1% efectiva mensual.

n = 3 años = 36 meses

A = ?

A = VA {[i (1 + i)^n] / [(1 + i)^n - 1]}

A = 20.000 {[0,01(1 + 0,01)^{36}] / [(1 + 0,01)^{36} - 1]}

A = 20.000 {[0,01(1,01)^{36}] / [(1,430769) - 1]}

A = 20.000 {[0,0143077)] / [0,430769]}

A = 20.000 {0,0332143}

A ≈ 664,29 Valor cuotas mensuales

Total pagado entidad B: $ 664,29 * 36 + 800 = $24.714,31|

Paso 4: Se comparan los resultados de la entidad A con los resultados de la entidad B:

Entidad	Cuota mensual	Total pagado	Gastos adicionales	Costo total
A	683,56	$24.608,16	$0	$24.608,16
B	664,29	$23.914,31	$800	$24.714,31

Conclusión: Aunque Entidad B tiene una tasa nominal más baja (12%), los gastos adicionales de $800 aumentan el costo total, superando incluso a la Entidad A con 14%. Por lo tanto, la opción más económica en términos de desembolso total es la Entidad A.

11.2.3. Cálculo de rentabilidades reales en depósitos o instrumentos financieros

La rentabilidad nominal no siempre refleja el crecimiento real del capital, especialmente en contextos de inflación. La rentabilidad real permite conocer cuánto poder adquisitivo se gana efectivamente:

$$r = \frac{1+i}{1+\pi} - 1$$

Donde:

r: rentabilidad real

i: tasa de interés nominal

π: tasa de inflación

Además, con fórmulas de valor futuro de interés compuesto, se puede estimar el crecimiento de capitales en cuentas de ahorro o depósitos a plazo fijo.

Ejemplo 1: Un ahorro de $5.000 a una tasa del 7% anual durante 5 años:

$VF = 5.000 \cdot (1+0.07)^5$

$VF = 5.000 \cdot 1.40255$

$VF = 7.012,75$

Ejemplo 2: Depósito a plazo fijo

Andrea deposita $10.000 en un banco que ofrece una tasa de interés del 8% anual. Ese año, la inflación fue del 5%. ¿Cuál fue la rentabilidad real de su inversión?

Paso 1: Identificar datos

I =0,08

π =0,05

r = ?

Paso 2: Aplicar fórmula

$$r = \frac{1+i}{1+\pi} - 1$$

$$r = \frac{1+0{,}08}{1+0{,}05} - 1 = \frac{1{,}08}{1{,}05} - 1 = 1{,}0286 - 1$$

r = 0,0286

r = 2,86%

Respuesta: La rentabilidad real fue del **2,86%**, es decir, Andrea ganó poder adquisitivo por 2,86%.

Ejemplo 3: Fondo de inversión con inflación alta

Luis invirtió en un fondo que le ofreció una rentabilidad nominal del 12% al año. Sin embargo, la inflación anual fue del 10%. ¿Cuál fue su ganancia real?

Paso 1: Datos del problema

i = 0,12

π = 0,10

r = ?

Paso 2: Cálculo de rentabilidad real

$$r = \frac{1+i}{1+\pi} - 1$$

$$r = \frac{1 + 0{,}12}{1 + 0{,}10} - 1 = \frac{1{,}12}{1{,}10} - 1 = 1{,}0182 - 1$$

r = 0,0182

r = 1,82%

Respuesta: Aunque Luis obtuvo una rentabilidad nominal del 12%, su ganancia real fue sólo de 1,82% después de ajustar por la inflación.

Reflexión: Estos ejemplos demuestran que, una tasa de interés nominal alta no garantiza una ganancia real significativa, especialmente en entornos inflacionarios. La comparación entre tasas nominales y tasas de inflación es esencial para evaluar la verdadera rentabilidad de cualquier instrumento financiero.

11.3 SECTOR PÚBLICO Y ONGS: APLICACIONES DE LA EVALUACIÓN FINANCIERA

El sector público y las organizaciones no gubernamentales (ONGs) enfrentan el reto de gestionar recursos limitados con eficiencia, transparencia y orientación al bien común. La matemática financiera, en este contexto, ofrece herramientas clave para analizar la viabilidad económica, social y ambiental de proyectos, especialmente cuando los beneficios no son exclusivamente monetarios.

11.3.1. Análisis Costo-Beneficio (ACB) de obras e infraestructuras

El Análisis Costo-Beneficio (ACB) permite comparar el valor presente de todos los beneficios que generará un proyecto público con el costo total requerido para su ejecución. Se utiliza para obras como:

- Carreteras, puentes, hospitales, escuelas, redes de agua potable
- Proyectos de electrificación, conectividad digital, etc.

Fórmula clave:

$$\text{Relación B/C} = \frac{Valor\ Presente\ de\ los\ Beneficios}{Valor\ Presente\ de\ los\ Costos}$$

Criterio de decisión:

- Si B/C > 1 → Proyecto aceptable
- Si B/C = 1 → Punto de equilibrio
- Si B/C < 1 → Proyecto no rentable en términos económicos

Nota: En el sector público se valoran también ***beneficios sociales no monetarios***, como la reducción de pobreza, inclusión educativa, acceso a salud, entre otros.

Ejemplo 1 – Construcción de una planta de tratamiento de agua potable

El gobierno local desea construir una planta de tratamiento de agua con una inversión inicial de $500.000. Se espera que el proyecto genere beneficios en ahorro sanitario y reducción de enfermedades por $120.000 anuales durante 6 años. La tasa social de descuento es del 8% anual.

Objetivo: Determinar si el proyecto es viable desde el punto de vista económico y social mediante el cálculo del Análisis Costo-Beneficio (ACB).

Paso 1: Identificar los datos del proyecto:

- Inversión inicial: \$500.000
- Beneficio anual: \$120.000
- Horizonte: 6 años
- Tasa de descuento: 8%

Paso 2: Calcular el valor presente de los beneficios

$$VP = R \cdot \frac{1-(1+i)^{-n}}{i}$$

$$VP = 120.000 \cdot \frac{1-(1+0.08)^{-6}}{0.08} = 120.000 \cdot 4.6229$$

VP = 554.748

Paso 3: Calcular la Relación Beneficio / Costo (RB / C)
RB/C = 1,11

$$RB/C = \frac{VP_{beneficios}}{Costo\ inicial} = \frac{554.748}{500.000}$$

Respuesta: El proyecto es viable desde el punto de vista económico y social, dado que la relación B/C es mayor a 1, lo cual indica que por cada \$1 invertido, se obtienen \$1,11 en beneficios actualizados.

Ejercicio 2 – Construcción de un puente rural

Un municipio propone construir un puente que reducirá el tiempo de traslado de productos agrícolas. La obra cuesta \$800.000 y se espera que genere beneficios anuales por \$160.000 durante 7 años. Se aplicará una tasa de descuento del 10% anual.

Objetivo: Determinar si el proyecto es viable desde el punto de vista económico y social mediante el cálculo del Análisis Costo-Beneficio (ACB).

Paso 1: Datos del proyecto

- Costo inicial: \$800.000
- Beneficio anual: \$160.000
- Plazo: 7 años
- Tasa: 10%

Paso 2: Se calcula el valor presente de los beneficios

$$VP = 160.000 \cdot \frac{1-(1+0.10)^{-7}}{0.10} = 160.000 \cdot 4.8684$$

VP = 778.944

Paso 3: Relación Beneficio / Costo

$$RB/C = \frac{778.944}{800.000}$$

RB/C = 0,97

Respuesta: En términos puramente financieros, el proyecto no es viable porque la relación B/C es menor a 1. Sin embargo, se podría reconsiderar si existen beneficios sociales cualitativos no monetizados, como acceso escolar o reducción de aislamiento.

11.3.2. Evaluación de Impacto Económico, Social y Ambiental

A diferencia de empresas privadas, los proyectos públicos y sociales deben demostrar no sólo rentabilidad financiera, sino también impacto positivo en la sociedad.

- Indicadores cualitativos y cuantitativos:

Tipo de impacto	Ejemplo de indicadores
Económico	Empleo generado, ingresos locales, reducción de costos logísticos
Social	Número de beneficiarios, acceso a servicios básicos, inclusión
Ambiental	Reducción de emisiones, preservación de recursos

En proyectos financiados con recursos públicos, privados o de cooperación internacional, no basta con verificar la rentabilidad financiera. Es fundamental analizar su impacto integral, considerando cómo afectan a la economía, la sociedad y el medio ambiente. Este enfoque garantiza que las inversiones contribuyan al bienestar colectivo y al desarrollo sostenible.

11.3.2.1. Impacto Económico

Se refiere a los efectos positivos o negativos que un proyecto tiene sobre la actividad productiva, empleo, ingreso y ahorro en una región.

- Indicadores comunes:
    - Generación de empleos directos e indirectos
    - Aumento del ingreso local
    - Reducción de costos logísticos o productivos
    - Crecimiento del PIB regional

Ejercicio 1: Centro logístico rural

Un municipio construye un pequeño centro de acopio para productos agrícolas con una inversión de $250.000. Como resultado, 60 agricultores incrementan sus ingresos en $300 mensuales. Estimar el impacto económico anual.

Solución paso a paso:

Paso 1: Hallar el ingreso adicional por agricultor

$$\$300 \times 12 = \$3.600$$

Paso 2: Hallar el ingreso adicional total:

$$60 \times 3.600 = \$216.000$$

Paso 3: Hallar la relación ingreso / inversión:

$$216.000 / 250.000 = 0{,}864 = 86{,}4\%$$

Respuesta: El proyecto genera un impacto económico anual equivalente al 86,4% de la inversión inicial. Si se mantiene más de un año, el retorno social sería significativo.

11.3.2.2. Impacto Social

Evalúa cómo el proyecto mejora la calidad de vida, inclusión, equidad y acceso a servicios básicos.

- **Indicadores comunes:**
  - Acceso a agua potable, salud o educación
  - Reducción de brechas de género o pobreza
  - Cantidad de personas beneficiadas directa e indirectamente

Ejercicio 2: Red de agua potable comunitaria

Una ONG instala un sistema de agua potable en una comunidad indígena de 120 familias. Se reporta que el ausentismo escolar infantil disminuyó un 30% y las enfermedades gastrointestinales bajaron un 50%.

Solución paso a paso:

Paso 1: Determinar el ausentismo antes del proyecto: 60 niños que dejan de asistir al mes.

Paso 2: Determinar el ausentismo después del proyecto (Reducción del 30%). 60 × 0,30 = 18 niños que dejan de asistir después de la implementación del proyecto.

Paso 4: Determinar el número de enfermedades antes del proyecto: 80 casos mensuales.

Paso 5: Determinar el número de enfermedades después de la implementación del proyecto (Reducción del 50%):
80 x 0,50 = 40 casos menos.

Respuesta: El proyecto tuvo un alto impacto social positivo, medido en mejora escolar y salud.

11.3.2.3. Impacto Ambiental

Mide la afectación o mejora del entorno natural. Se busca minimizar daños ecológicos o promover la sostenibilidad.

- Indicadores comunes:
  - Reducción de emisiones de CO_2
  - Disminución de residuos contaminantes
  - Recuperación de áreas verdes o ecosistemas
  - Ahorro energético o uso de fuentes limpias

Ejercicio 3: Sistema de paneles solares en una escuela rural
Se instalan paneles solares que ahorran 8.000 kWh al año. La red eléctrica local emite 0,5 kg de CO_2 por kWh. ¿Cuál es la reducción anual de emisiones?

Se halla la reducción anual de emisiones

8.000 kWh × 0,5 kg CO_2 / kWh = 4.000 kg CO_2 = 4 toneladas.

Respuesta: El proyecto evita la emisión de 4 toneladas de CO_2 anuales, contribuyendo a la sostenibilidad ambiental.

Recomendaciones finales:

- Utiliza indicadores cuantificables y trazables
- Compara el impacto logrado con los objetivos del proyecto
- Evalúa el impacto a corto, mediano y largo plazo
- Complementa con métodos cualitativos como encuestas y entrevistas

Herramientas complementarias:

- Análisis de sensibilidad
- Estudios de impacto ambiental y social
- Matrices multicriterio: ponderación técnica y social

11.3.3. Priorización de proyectos con recursos limitados

En contextos donde el presupuesto o los recursos disponibles son escasos, la asignación eficiente del capital es clave. La priorización de proyectos es una herramienta de decisión que permite elegir cuáles iniciativas financiar primero, basándose en criterios técnicos, sociales, económicos y estratégicos.

Objetivo:

Seleccionar los proyectos con mayor retorno social, económico o ambiental, considerando:

- **Rentabilidad financiera (VPN, TIR, B/C-R)**
- **Impacto social o ambiental**

- **Cobertura o número de beneficiarios**
- **Urgencia o riesgo si no se ejecuta**

Dado que los recursos públicos y de cooperación son escasos, las entidades deben priorizar proyectos con mayor retorno social y menor costo relativo. Algunas estrategias incluyen:

a) **Asignación por puntaje técnico y social:** Se otorgan puntajes a cada propuesta en función de indicadores de impacto, urgencia, cobertura y sostenibilidad.

b) **Matriz de priorización:**

Proyecto	VPN social	Costo total	Cobertura	Prioridad final
A	Alto	Medio	Alta	Alta
B	Bajo	Alto	Media	Baja

c) **Enfoque multicriterio:**
Se combinan aspectos financieros, técnicos y sociales para ordenar los proyectos por su potencial de cambio estructural.

Ejercicio 1: Priorización por relación B/C
Un municipio tiene $1.000.000 disponibles para financiar sólo dos de tres proyectos. Los proyectos han sido evaluados y presentan los siguientes datos:

Proyecto	Inversión	Beneficios actualizados	B/C-R
A	500.000	650.000	1,30
B	400.000	480.000	1,20
C	600.000	720.000	1,20

Paso 1: Verificar combinaciones posibles

Combinaciones factibles con el presupuesto de $1.000.000:

- A + B = 900.000 Ok
- A + C = 1.100.000 X (supera el límite)
- B + C = 1.000.000 Ok

Paso 2: Calcular el beneficio total de cada combinación

- A + B = 650.000 + 480.000 = **1.130.000**
- B + C = 480.000 + 720.000 = **1.200.000**

Respuesta: Se debe seleccionar **B + C**, dado que con el mismo presupuesto se logra el mayor beneficio actualizado total.

Ejercicio 2: Priorización con criterios ponderados

Tres proyectos sociales han sido evaluados según cuatro criterios: VPN, cobertura poblacional, urgencia y sostenibilidad. La entidad asigna los siguientes pesos:

- VPN: 30%
- Cobertura: 25%
- Urgencia: 25%
- Sostenibilidad: 20%

Proyecto	VPN	Cobertura	Urgencia	Sostenibilidad
A	9	6	7	8
B	7	8	6	7
C	6	7	9	9

Paso 1: Se calcula el puntaje ponderado para cada proyecto

Puntaje A = $(9 \cdot 0{,}3) + (6 \cdot 0{,}25) + (7 \cdot 0{,}25) + (8 \cdot 0{,}2) = 2{,}7 + 1{,}5 + 1{,}75 + 1{,}6 = \mathbf{7{,}55}$

Puntaje B = $(7 \cdot 0,3) + (8 \cdot 0,25) + (6 \cdot 0,25) + (7 \cdot 0,2) = 2,1 + 2 + 1,5 + 1,4 = 7,0$

Puntaje C = $(6 \cdot 0,3) + (7 \cdot 0,25) + (9 \cdot 0,25) + (9 \cdot 0,2) = 1,8 + 1,75 + 2,25 + 1,8 = 7,6$

Respuesta: El proyecto C obtiene el mayor puntaje total (7,6) y debe ser priorizado.

- **Recomendaciones para la gestión pública o social:**
  - Usar criterios objetivos y consensuados
  - Ponderar los indicadores de forma transparente
  - Considerar escenarios optimistas y pesimistas
  - Evaluar riesgo de inacción (no ejecutar)

Reflexión: La matemática financiera permite al sector público y a las ONGs tomar decisiones informadas, equitativas y sostenibles, optimizando el uso de fondos limitados. Integrar herramientas como el ACB, el análisis de impacto y las matrices de priorización garantiza que cada recurso invertido genere el mayor beneficio posible para la sociedad.

11.4. TOMA DE DECISIONES FINANCIERAS

La toma de decisiones financieras permite evaluar la viabilidad y conveniencia de proyectos, inversiones o financiamientos a través de herramientas cuantitativas como:

- Valor Presente Neto (VPN)
- Tasa Interna de Retorno (TIR)
- Relación Beneficio-Costo (B/C)
- Período de Recuperación (Payback)
- Cálculo de valor presente y valor futuro

En este sentido, la matemática financiera se convierte en un pilar para la toma racional y cuantificada de decisiones, ya que permite responder a preguntas clave como:

- ¿Es rentable el proyecto?
- ¿Cuál opción de financiamiento es más conveniente?
- ¿Cuánto tiempo tardaré en recuperar mi inversión?
- ¿Cuál es el valor real de mis ingresos futuros?

11.4.1. ¿Es rentable el proyecto?

La rentabilidad se evalúa principalmente mediante el **VPN** y la **TIR**. Si el **VPN > 0 o la TIR > tasa de descuento**, el proyecto se considera rentable.

Ejemplo 1: Un proyecto requiere una inversión inicial de $10.000 y generará flujos de $3.000 anuales durante 5 años. La tasa de descuento es del 10% anual.

Paso 1: Aplicar fórmula del VPN

$$VPN = Ft * [\ 1- (\ 1 + - i\ )^{-n}) / i)\ ] - Io$$

Paso 2: Se reemplazan los valores en la fórmula y se calcula el VPN

$VPN = 3.000 * [\ 1- (\ 1 + 0{,}10\ )^{-5}) / 0{,}10)\ ] - 10.000$

$VPN = 3.000 * 3.7908 - 10.000$

$VPN = 11.372{,}40 - 10.000$

$VPN = 1.372{,}40$

Respuesta: El proyecto es rentable, ya que el VPN es positivo.

11.4.2. ¿Cuál opción de financiamiento es más conveniente?

Ejemplo 2: Dos entidades ofrecen un crédito de $20.000 a 3 años. La entidad A cobra 14% nominal anual con sistema francés y la entidad B, cobra 12% nominal anual con el mismo sistema, pero con gastos adicionales de $800 de comisión inicial . Determinar cuál de las dos opciones representa un menor costo total para el cliente, aplicando fórmulas de amortización y cálculo del costo total efectivo.

Paso 1: Determinar los datos comunes.

Concepto	Valor
Monto del préstamo	$20.000
Plazo	3 años = 36 meses
Frecuencia	Mensual

Paso 2: Se halla el total pagado en la entidad A.

VA = $20.000

i = 14% nominal anual = 14% / 12 = 1,1667% efectiva mensual.

n = 3 años = 36 meses

A = ?

$$A = VA \{[i (1 + i)^n] / [(1 + i)n - 1]\}$$

$$A = 20.000 \{[0,011667(1 + 0,011667)^{36}] / [(1 + 0,011667)^{36} - 1]\}$$

$$A = 20.000 \{[0,011667(1,011667)^{36}] / [(1,011667)^{36} - 1]\}$$

$$A = 20.000 \{[0,011667(1,518284)] / [1,518284 - 1]\}$$

$$A = 20.000 \{[0,0177138] / [0,518284]\}$$

$$A = 20.000 \{0,0341778\}$$

$A \approx 683,56$ Valor cuotas mensuales

Total pagado entidad A: $683,56 * 36 = $24.608,16

Paso 3: Hallar el total pagado en la entidad B.

VA = \$20.000

i = 12% nominal anual = 12% / 12 = 1% efectiva mensual.

n = 3 años = 36 meses

A = ?

A = VA {[i (1 + i)ⁿ] / [(1 + i)n - 1]}

$A = 20.000 \{[0,01(1 + 0,01)^{36}] / [(1 + 0,01)^{36} - 1]\}$

$A = 20.000 \{[0,01(1,01)^{36}] / [(1,430769) - 1]\}$

A = 20.000 {[0,0143077)] / [0,430769]}

A = 20.000 {0,0332143}

A ≈ 664,29 Valor cuotas mensuales

TOTAL PAGADO ENTIDAD B: \$ 664,29 * 36 + 88 = \$24.714,31|

Paso 4: Comparar los resultados de la entidad A con los resultados de la entidad B:

Entidad	Cuota mensual	Total pagado	Gastos adicionales	Costo total
A	683,56	\$24.608,16	\$0	\$24.608,16
B	664,29	\$23.914,31	\$800	\$24.714,31

Conclusión: Aunque Entidad B tiene una tasa nominal más baja (12%), los gastos adicionales de \$800 aumentan el costo total, superando incluso a la Entidad A con 14%. Por lo tanto, la opción más económica en términos de desembolso total es la Entidad A.

11.4.3. ¿Cuánto tiempo tardaré en recuperar la inversión?

Esta decisión se responde con el cálculo del Período de Recuperación de la inversión

(PAYBACK).

Ejemplo 3: Una empresa invierte $10.000 y obtiene ingresos anuales de $2.000.

¿Cuál es el periodo de recuperación de la inversión?

PAYBACK = 10.000 / 2.000 = 5 años

Respuesta: La empresa recuperará su inversión al finalizar el quinto año.

11.4.4. ¿Cuál es el valor real de mis ingresos futuros?

Se determina calculando el valor presente **(VP)** de los ingresos esperados, ajustado por una tasa de descuento.

Ejemplo 4: Se espera recibir $6.000 anualmente durante 4 años. Si la tasa de descuento es del 9%, ¿cuál es el valor presente total?

Paso 1: Aplicar fórmula del valor presente (VA):

$$VA = VFt \{[1 - (1 + i)^{-n}] / i\}$$

Paso 2: Reemplazar los valores en la fórmula del valor presente (VA):

$VA = 6.000 \{ [1 - (1 + 0,09)^{-4}] / 0,09 \}$

$VA = 6.000 \{ [1 - (1,09)^{-4}] / 0,09 \}$

$VA = 6.000 \{ [1 - 0,70842] / 0,09 \}$

$VA = 6.000 \{0,29158 / 0,09 \}$

$VA = 6.000 \{3,2398\}$

$VA = 19.438,67$

Respuesta: El valor presente real de los ingresos es **$19.438,67.**

Reflexión: Combinar varios criterios (VPN, TIR, Payback) permite una decisión más robusta. Además, siempre considerar:

- Inflación
- Riesgo del proyecto

- Horizonte de tiempo
- Fuentes de financiamiento

11.5. CRITERIOS DE DECISIÓN SEGÚN EL INDICADOR

Al evaluar un proyecto de inversión o una alternativa financiera, es fundamental interpretar correctamente los resultados de los indicadores utilizados. Cada uno aporta una perspectiva diferente y, combinados, ofrecen un enfoque integral para la toma de decisiones racionales.

A continuación, se presentan los principales indicadores financieros y los criterios para decidir si un proyecto debe ser aceptado, rechazado o requiere análisis complementario.

11.5.1. Criterio de Decisión por Valor Presente Neto (VPN)

El VPN mide la rentabilidad absoluta del proyecto en valor monetario actualizado.

- ***VPN* > *0*** → Aceptar el proyecto, genera valor agregado.
- ***VPN* = *0*** → Indiferente (ni pierde ni gana valor)
- ***VPN* < *0*** → Rechazar el proyecto (no recupera la inversión)

Ventaja: Considera el valor del dinero en el tiempo y es un indicador robusto para comparar alternativas.

11.5.2. Criterio de Decisión por Tasa Interna de Retorno (TIR)

La TIR es la tasa que iguala el valor presente de los flujos futuros con la inversión inicial.

- ***TIR* > *tasa de descuento*** → Aceptar (supera la rentabilidad mínima exigida)

- ***TIR = tasa de descuento*** → Indiferente
- ***TIR < tasa de descuento*** → Rechazar dado que no alcanza la rentabilidad mínima

Nota: En proyectos con flujos irregulares pueden existir múltiples TIR, por lo que debe usarse con precaución.

11.5.3. Criterio de Decisión por Relación Beneficio-Costo (B/C-R)

La B/C-R compara cuánto valor se obtiene por cada unidad monetaria invertida.

- ***B/C > 1*** → Proyecto eficiente y recomendable
- ***B/C = 1*** → Proyecto en punto de equilibrio
- ***B/C 1*** → Proyecto no rentable dado que los beneficios no superan los costos

Uso ideal: Evaluación de proyectos sociales o públicos donde los beneficios pueden incluir impactos no monetarios.

11.5.4. Criterio de Decisión por Período de Recuperación (PAYBACK)

El PAYBACK mide el tiempo que tarda el proyecto en recuperar la inversión inicial con los flujos acumulados.

- ***PAYBACK corto*** → Mayor liquidez, menor riesgo
- ***PAYBACK largo*** → Mayor exposición al riesgo de cambio en las condiciones del entorno

Limitación: No considera el valor del dinero en el tiempo ni los beneficios posteriores al punto de recuperación.

TABLA RESUMEN CRITERIOS DE DECISIÓN SEGÚN EL INDICADOR

Indicador	Decisión recomendada si...	Ventaja principal
VPN	VPN > 0	Mide valor económico absoluto
TIR	TIR > tasa de corte	Mide rentabilidad porcentual
B/C-R	B/C > 1	Evalúa eficiencia del uso del capital
PAYBACK	Tiempo de recuperación es menor al	Útil para medir liquidez y riesgo inicial

Recomendaciones

- Nunca tomar decisiones con un solo indicador
- Combinar al menos ***VPN*** + ***TIR*** + ***PAYBACK*** ofrece un panorama más realista
- Ajustar criterios según el tipo de proyecto (social, ambiental o privado
- Incorporar análisis de sensibilidad y escenarios para validar robustez

CAPÍTULO 12

HERRAMIENTAS TECNOLÓGICAS PARA LA MATEMÁTICA FINANCIERA

El uso de herramientas tecnológicas ha revolucionado la enseñanza, el análisis y la aplicación práctica de la matemática financiera. Estas herramientas permiten realizar cálculos complejos, simulaciones de escenarios, generación de tablas de amortización y evaluación de proyectos en segundos, con precisión y visualización dinámica.

Las herramientas tecnológicas no reemplazan el conocimiento matemático, pero potencian su aplicación, permitiendo tomar decisiones con datos precisos y modelos dinámicos. Su dominio es indispensable para cualquier profesional o estudiante de finanzas.

12.1. MICROSOFT EXCEL (Funciones clave)

Función	Descripción	Ejemplo
VF	Calcula el valor futuro	VF(10%, 5, -1000)
VA	Calcula el valor presente	VA(12%, 3, -5000)
TASA	Calcula la tasa de interés implícita	TASA(24, -600, 10000)
PAGO	Calcula la cuota de un préstamo	PAGO(0.08/12, 36, -20000)
TIR	Calcula la tasa interna de retorno	=TIR(A1:A6)
VNA	Valor neto actual (VPN)	=VNA(0.1, A2:A6) - A1

Aplicaciones:

- Elaboración de tablas de amortización
- Análisis de inversiones
- Comparación de escenarios
- Simuladores de cuotas y rentabilidad

Para ampliar la información se sugiere escanear el siguiente código QR:

12.2. CALCULADORAS FINANCIERAS (HP 19B, HP 17BII+)

12.2.1. Calculadora Financiera HP 19B

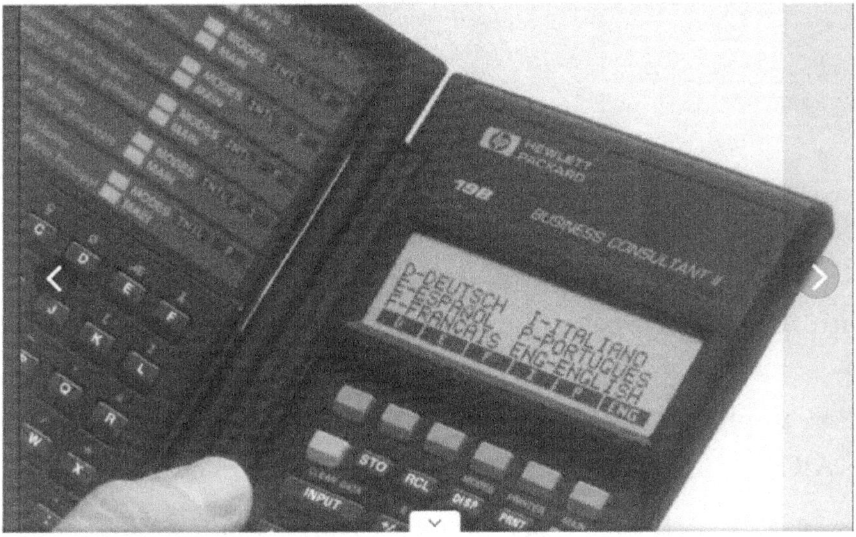

Se sugiere consultar el manual completo de la calculadora HEWLETT-PACKARD 19 B en el siguiente link:
https://www.manuales.com.co/hp/19bii/manual?p=105

Aplicaciones:

- Evaluación rápida de préstamos, inversiones, tasas, anualidades
- Muy usadas por financieros, contadores, administradores

Ventajas:

- Alta precisión
- Portabilidad y uso sin necesidad de conexión
- Ideal para exámenes y ambientes de oficina o aula

12.2.2. Calculadora Financiera HP 17B II

Se sugiere consultar el manual completo de la calculadora HEWLETT-PACKARD 17 B II+ en el siguiente link: https://www.manuales.com.co/hp/17bii/manual?p=26

Para ampliar el manejo y uso de la calculadora HEWLETT-PACKARD 17 B II+ se sugiere escanear los siguientes códigos QR:

12.2.3. Calculadora Financiera HP 12C

Se sugiere consultar el manual completo de la calculadora HEWLETT-PACKARD 12C en el siguiente link: https://www.hp.com/ctg/Manual/c00363316.pdf

12.2.4. Calculadora Financiera HP 10B II

Se sugiere consultar el manual completo de la calculadora HEWLETT-PACKARD 10 B II en el siguiente link: https://literature.hpcalc.org/official/hp10biiplus-qsg-es.pdf

12.3. SOFTWARE ESPECIALIZADO

12.3.1. Microsoft Project

Para Gestión Financiera de Proyectos, Proyecciones de Costos, Cronogramas y Flujos de Caja.

Para ampliar la información se sugiere escanear el siguiente código QR:

12.3.2. Sap Fico (ERP)

- Integra contabilidad, finanzas y rentabilidad
- Automatiza informes y simulaciones

Para ampliar la información se sugiere escanear el siguiente código QR:

12.3.3. Crystal Ball / @RISK

- Análisis de riesgo y simulación Monte Carlo
- Ideal para evaluar incertidumbre financiera

12.3.4. Plataformas educativas y simuladores en línea

- **Finanzas Para Todos:** Simuladores de préstamos, Tasas de interés y ahorros.

Para ampliar la información se sugiere escanear el siguiente código QR:

- **Hábitos financieros:** Visualización de fórmulas financieras.

Para ampliar la información se sugiere escanear el siguiente código QR:

- **GeoGebra y Matemática Financiera 1**

- **GeoGebra y Matemática Financiera 2**

CAPÍTULO 13

APLICACIONES ACTUALES Y TOMA DE DECISIONES

En la era digital y del conocimiento, la matemática financiera trasciende el aula y se convierte en una herramienta esencial para la vida diaria, el emprendimiento y la sostenibilidad personal y empresarial. Este capítulo conecta la teoría con la realidad, integrando educación financiera, nuevas tecnologías y responsabilidad ética.

13.1. EDUCACIÓN FINANCIERA: CLAVE PARA LA TOMA DE DECISIONES

La educación financiera busca dotar a las personas de conocimientos y habilidades para gestionar su dinero, planificar su futuro y tomar decisiones conscientes. La falta de comprensión de conceptos financieros básicos en América Latina es un problema importante que requiere atención. Una mayor inversión en educación financiera y programas de alfabetización financiera podría ayudar a los ciudadanos a tomar mejores decisiones financieras, reducir el sobreendeudamiento y mejorar su bienestar económico general.

Una encuesta del Banco Mundial (Banco Mundial. 2023) revela que menos del 40% de los adultos en América Latina comprende conceptos como inflación, interés compuesto y riesgo. Esto genera sobreendeudamiento, falta de ahorro y decisiones impulsivas.

El problema principal radica en la limitada educación financiera de la población. Sin una comprensión clara de conceptos como el interés compuesto, los individuos pueden ser más propensos a aceptar préstamos con tasas de interés elevadas sin darse cuenta del impacto a largo plazo en sus finanzas personales. La inflación, por su parte, afecta el poder adquisitivo y la capacidad de ahorro, mientras que la falta de comprensión del riesgo puede llevar a inversiones inadecuadas o a la asunción de deudas excesivas.
Esta falta de conocimiento financiero tiene consecuencias negativas significativas, incluyendo:

- **Sobreeudamiento:** Los individuos pueden endeudarse más allá de su capacidad de pago, lo que genera estrés financiero y dificultades para cubrir sus necesidades básicas.
- **Falta de ahorro:** La incapacidad de comprender la importancia del ahorro a largo plazo y el interés compuesto puede llevar a una falta de planificación financiera para el futuro, incluyendo la jubilación o emergencias.
- **Decisiones impulsivas:** Sin una base sólida de conocimientos financieros, las personas pueden tomar decisiones impulsivas en lugar de decisiones informadas, lo que puede llevar a resultados negativos.

13.2. FINANZAS PERSONALES Y EMPRESARIALES

Las finanzas personales y las finanzas empresariales tienen como propósito común la gestión eficiente del dinero. Sin embargo, se diferencian en sus objetivos, alcance, responsabilidad y complejidad. Mientras que las finanzas personales buscan mejorar el bienestar económico individual o familiar, las empresariales se enfocan en maximizar el valor de una organización a través de decisiones estratégicas.

Comprender y aplicar conceptos de matemática financiera en ambos ámbitos es clave para tomar decisiones racionales, sostenibles y éticas.

La planificación financiera permite estabilidad económica, prevención de crisis y crecimiento patrimonial.

13.2.1. Finanzas Personales

Las finanzas personales tienen como objetivo Tomar decisiones que permitan ahorrar, invertir, proteger el patrimonio y evitar el sobreendeudamiento. Tienen como componentes clave:

- Presupuesto personal o familiar
- Ahorro e inversión responsable
- Gestión de una deuda sana
- Fondo de emergencia
- Educación financiera continua

13.2.2. Finanzas Empresariales

Tienen como objetivo maximizar el valor de la empresa, su rentabilidad y sostenibilidad financiera en el tiempo.

Funciones clave:

- Planeación financiera y presupuestación
- Gestión de capital de trabajo
- Evaluación de inversiones (VPN, TIR, Payback)
- Decisiones de financiamiento (capital vs deuda)
- Análisis de riesgo y rentabilidad

Herramientas aplicables:

13.2.2.1. Flujo de caja proyectado

El flujo de caja proyectado, o *Cash Flow Proyectado*, es una herramienta financiera que permite estimar los ingresos y egresos de efectivo que tendrá una persona, empresa o proyecto en el futuro. Su objetivo principal es anticipar la liquidez, tomar decisiones oportunas y evaluar la viabilidad económica de un plan o inversión.

El flujo de caja proyectado sirve para:

- Determinar si habrá suficiente efectivo disponible para cubrir obligaciones
- Identificar excesos o déficits de liquidez
- Evaluar la rentabilidad esperada de un proyecto
- Servir como base para calcular VPN, TIR, Payback, ROI, entre otros

- Componentes del flujo de caja

Elemento	Descripción
Ingresos operativos	Ventas, servicios, inversiones

Elemento	Descripción
Costos y egresos	Materias primas, sueldos, servicios, impuestos
Flujo neto de caja	Ingresos – Egresos
Flujo acumulado	Suma del flujo neto de cada periodo

Ejemplo 1: Flujo de caja proyectado para un pequeño negocio

Una emprendedora proyecta los siguientes ingresos y egresos para los primeros 4 meses de su cafetería:

Mes	Ingresos esperados ($)	Egresos operativos ($)
1	**3.000**	2.500
2	**3.500**	2.700
3	**4.000**	3.000
4	**4.200**	3.100

Calcular el flujo neto mensual y el flujo de caja acumulado:

Mes	Ingresos	Egresos	Flujo Neto	Acumulado
1	3.000	2.500	500	500
2	3.500	2.700	800	1.300
3	4.000	3.000	1.000	2.300
4	4.200	3.100	1.100	3.400

Respuesta: Al final del mes 4, la emprendedora tendrá un flujo acumulado de $3.400 si las proyecciones se cumplen.

Ejemplo 2: Proyecto de inversión con cálculo del VPN

Una empresa planea invertir $10.000 en una mejora tecnológica. Proyecta los siguientes flujos netos de caja anuales por 5 años:

Año	Flujo neto esperado ($)
1	2.500
2	2.800
3	3.000
4	2.700
5	2.500

La tasa de descuento es del 10% anual. Calcular el VPN usando el flujo de caja proyectado.

$$VPN = \sum_{t=1}^{n} \frac{Flujo_t}{(1+i)^t} - Inversión$$

$$VPN = \frac{2.500}{1.10} + \frac{2.800}{1.10^2} + \frac{3.000}{1.10^3} + \frac{2.700}{1.10^4} + \frac{2.500}{1.10^5} - 10.000$$

VPN ≈ 2.273 + 2.314 + 2.254 + 1.841 + 1.553

VPN ≈ 10.235 –10.000 ≈ 235

Respuesta: El VPN es positivo ($235), por lo tanto el proyecto es rentable.

- Para ampliar la información, sobre la elaboración de un flujo de caja proyectado en Excel, se sugiere escanear el siguiente código QR:

Para ver un flujo de caja proyectado, con indicadores financieros como **VPN, TIR, PRI, B/C-R**, elaborado y formulado en Excel,

haga clic en el siguiente enlace.
https://docs.google.com/spreadsheets/d/1yqeqzGbW7tP-yaxVyHSRAUh6tDSsqSmXM/ edit?usp=sharing&ouid=116032800188739064738&rtpof=true&sd=true

Reflexión práctica

Los flujos de caja proyectados son herramientas predictivas que permiten responder preguntas clave como:
¿Tendré liquidez suficiente el próximo mes?
¿Vale la pena realizar esta inversión?
¿Cuándo recuperaré el dinero invertido?

13.2.2.2. Tablas de amortización

Una tabla de amortización es un esquema financiero que muestra cómo se repaga un préstamo en el tiempo. Incluye el detalle de cada cuota, mostrando cuánto corresponde a interés, cuánto a capital, y el saldo pendiente al finalizar cada periodo.

Las tablas de amortización son fundamentales para:

- Simular préstamos o créditos
- Comprender cómo se paga una deuda
- Tomar decisiones de financiamiento informadas

- Componentes de una tabla de amortización

Concepto	Definición
Cuota	Monto total a pagar cada período, constante o variable
Interés	Costo financiero sobre el saldo pendiente

Concepto	Definición
Amortización	Parte de la cuota que reduce la deuda principal
Saldo	Monto restante por pagar después de cada cuota

- Tipos comunes de amortización
  - ► Sistema Francés (cuotas constantes)

Cuotas iguales durante todo el período; la proporción de interés baja y la de capital sube con el tiempo.

► Sistema Alemán (SAC – amortización constante)

La amortización de capital es constante y los intereses bajan, haciendo que la cuota disminuya progresivamente.

Ejemplo 1: Tabla de amortización con sistema francés

Un préstamo de $10.000 a 36 meses con una tasa del 1,25% efectiva mensual bajo el sistema francés.

Paso 1: Datos iniciales

► ***Monto:*** $10.000

► ***i mensual*** = 0.0125

► ***n*** = 36

Paso 2: Cálculo de la cuota mensual

$$R = P \cdot \frac{i(1+i)^n}{(1+i)^n - 1}$$

$$R = 10.000 \cdot \frac{0.0125(1.0125)^{36}}{(1.0125)^{36} - 1} \approx \boxed{347,49}$$

Valor cuota mensual: 347,49

Paso 3: Se elabora la tabla de amortización

TABLA DE AMORTIZACIÓN SISTEMA FRANCÉS

Mes	Cuota	Interés	Amortización	Saldo
0	0	0	0	10000
1	347,49	125	222,49	9777,51
2	347,49	122,22	225,27	9552,24
3	347,49	119,40	228,09	9324,15
4	347,49	116,55	230,94	9093,21
5	347,49	113,67	233,82	8859,39
6	347,49	110,74	236,75	8622,64
7	347,49	107,78	239,71	8382,93
8	347,49	104,79	242,70	8140,23
9	347,49	101,75	245,74	7894,49
10	347,49	98,68	248,81	7645,69
11	347,49	95,57	251,92	7393,77
12	347,49	92,42	255,07	7138,70
13	347,49	89,23	258,26	6880,44
14	347,49	86,01	261,48	6618,96
15	347,49	82,74	264,75	6354,20
16	347,49	79,43	268,06	6086,14
17	347,49	76,08	271,41	5814,73
18	347,49	72,68	274,81	5539,92
19	347,49	69,25	278,24	5261,68
20	347,49	65,77	281,72	4979,96
21	347,49	62,25	285,24	4694,72
22	347,49	58,68	288,81	4405,92
23	347,49	55,07	292,42	4113,50
24	347,49	51,42	296,07	3817,43
25	347,49	47,72	299,77	3517,66
26	347,49	43,97	303,52	3214,14

continuación

continuación

Mes	Cuota	Interés	Amortización	Saldo
27	347,49	40,18	307,31	2906,82
28	347,49	36,34	311,15	2595,67
29	347,49	32,45	315,04	2280,63
30	347,49	28,51	318,98	1961,64
31	347,49	24,52	322,97	1638,67
32	347,49	20,48	327,01	1311,67
33	347,49	16,40	331,09	980,57
34	347,49	12,26	335,23	645,34
35	347,49	8,07	339,42	305,92
36	347,49	3,82	305,92	0,00

Ejemplo 2: Tabla de amortización con sistema alemán (SAC)
Un préstamo de $12.000 a pagar en 48 meses con una tasa del 1% efectiva mensual bajo el sistema SAC.

Paso 1: Amortización constante
Amortización = 12.000 / 48
Amortización = 250

Paso 2: Se elabora la tabla de amortización.

TABLA DE AMORTIZACIÓN SISTEMA SAC

Mes	Cuota	Interés	Amortización	Saldo
0	0	0	0	12000
1	370	120	250	11750
2	367,5	117,5	250	11500

continuación

continuación

Mes	Cuota	Interés	Amortización	Saldo
3	365	115	250	11250
4	362,5	112,5	250	11000
5	360	110	250	10750
6	357,5	107,5	250	10500
7	355	105	250	10250
8	352,5	102,5	250	10000
9	350	100	250	9750
10	347,5	97,5	250	9500
11	345	95	250	9250
12	342,5	92,5	250	9000
13	340	90	250	8750
14	337,5	87,5	250	8500
15	335	85	250	8250
16	332,5	82,5	250	8000
17	330	80	250	7750
18	327,5	77,5	250	7500
19	325	75	250	7250
20	322,5	72,5	250	7000
21	320	70	250	6750
22	317,5	67,5	250	6500
23	315	65	250	6250
24	312,5	62,5	250	6000
25	310	60	250	5750
26	307,5	57,5	250	5500
27	305	55	250	5250
28	302,5	52,5	250	5000
29	300	50	250	4750
30	297,5	47,5	250	4500

continuación

continuación

Mes	Cuota	Interés	Amortización	Saldo
31	295	45	250	4250
32	292,5	42,5	250	4000
33	290	40	250	3750
34	287,5	37,5	250	3500
35	285	35	250	3250
36	282,5	32,5	250	3000
37	280	30	250	2750
38	277,5	27,5	250	2500
39	275	25	250	2250
40	272,5	22,5	250	2000
41	270	20	250	1750
42	267,5	17,5	250	1500
43	265	15	250	1250
44	262,5	12,5	250	1000
45	260	10	250	750
46	257,5	7,5	250	500
47	255	5	250	250
48	252,5	2,5	250	0

- Comparación entre sistemas

Sistema	Cuota	Ventaja principal
Francés	Constante	Facilidad para el deudor
Alemán (SAC)	Decreciente	Menor interés total, ideal para pagos altos al inicio

Reflexión: Con los créditos se debe tener en cuenta que “No es sólo pagar una cuota. Es saber cuánto se está pagando por usar el dinero de otro”

Las tablas de amortización permiten: Entender la estructura de los pagos, planificar mejor los presupuestos y comparar entre distintas opciones de crédito.

13.2.2.3. Indicadores financieros (ROE, ROA, EBITDA)

Los indicadores financieros son métricas esenciales para evaluar la rentabilidad, la eficiencia operativa y la salud económica de una empresa. Entre los más importantes se encuentran:

- **ROE** (Return on Equity)
- **ROA** (Return on Assets)
- **EBITDA** (Earnings Before Interest, Taxes, Depreciation and Amortization)

Estos indicadores ayudan a inversionistas, gerentes y analistas a tomar decisiones estratégicas informadas.

13.2.2.3.1. ROE – Rentabilidad sobre el patrimonio

Mide la capacidad de la empresa para generar beneficios para los accionistas.

Fórmula:

$$ROE = \frac{\text{Utilidad Neta}}{\text{Patrimonio Neto}} \times 100$$

Ejemplo ROE: Una empresa reporta una utilidad neta de $45.000 y tiene un patrimonio de $300.000. ¿Cuál es su ROE?

Cálculo:

ROE = (45.000 / 300.000) × 100

ROE = 15%

Interpretación: Por cada $1 invertido por los accionistas, la empresa generó $0.15 de utilidad.

13.2.2.3.2. ROA – Rentabilidad sobre los activos

Mide la eficiencia con que se utilizan los activos para generar beneficios.

Fórmula:

$$ROA = \frac{\text{Utilidad Neta}}{\text{Total de Activos}} \times 100$$

Ejemplo ROA: Una empresa con activos totales por $800.000 genera una utilidad neta de
$64.000. ¿Cuál es su ROA? Cálculo:
ROA = (64.000 / 800.000) × 100
ROA = 8%

Interpretación: La empresa genera 8 centavos por cada peso invertido en activos.

13.2.2.3.3. EBITDA – Resultado operativo bruto

Refleja la capacidad operativa de generar flujo de efectivo, antes de descontar intereses, impuestos y depreciaciones.

Fórmula:
EBITDA = Utilidad Operativa + Depreciación + Amortización

Ejemplo EBITDA: Una empresa muestra:

- Utilidad Operativa: $120.000
- Depreciación: $15.000
- Amortización: $5.000 Hallar su EBITDA

Cálculo:

EBITDA = 120.000 + 15.000 + 5.000

EBITDA =140.000

Interpretación: La empresa generó $140.000 de ingresos operativos antes de factores financieros y contables.

Comparación de Indicadores:

Indicador	¿Qué mide?	Bueno si...	Relevancia
ROE	Rentabilidad del capital	ROE > 10 –15%	Interesa a los accionistas
ROA	Rentabilidad de los activos	ROA > 5 –10%	Mide eficiencia general
EBITDA	Flujo operativo bruto	Alta relación con ingresos	Evalúa la capacidad de operación

Reflexión: Estos tres indicadores permiten responder preguntas clave como:

- ¿La empresa es rentable para sus accionistas? (ROE)
- ¿Usa eficientemente sus recursos? (ROA)
- ¿Genera flujo de caja desde sus operaciones? (EBITDA)

> **"No se puede gestionar lo que no se mide. Estos indicadores son brújulas para la sostenibilidad y el crecimiento empresarial"**

13.2.2.4. Cálculo del punto de equilibrio

El punto de equilibrio (break-even point) es el nivel de ventas en el cual los ingresos igualan exactamente a los costos totales, es decir, la empresa no gana ni pierde.

- Sirve para responder:
  - ¿Cuánto debo vender para no tener pérdidas?
  - ¿A partir de qué volumen empiezo a tener ganancias?
  - ¿Cómo afectan los costos fijos y variables a mi rentabilidad?

- **Elementos clave:**

Elemento	Descripción
Costos fijos (CF)	Gastos que no cambian con el nivel de producción (alquiler, sueldos, servicios)
Costos variables (CVu)	Costos que varían con cada unidad producida como materia prima, comisiones.
Precio de venta (PVu)	Ingreso por cada unidad vendida

Fórmula del punto de equilibrio , en unidades:

$$PE = \frac{CF}{PVu - CVu}$$

Ejemplo 1: Punto de equilibrio en unidades
Una empresa vende un producto a $50 por unidad. El costo variable unitario es $30 y tiene costos fijos de $20.000 mensuales.

Aplicar fórmula

$$PE = \frac{20.000}{50 - 30} = \frac{20.000}{20}$$

PE = 1.000 Unidades

Interpretación: La empresa debe vender 1.000 unidades por mes para cubrir todos sus costos. A partir de ahí, comienza a tener utilidades.

Ejemplo 2: Punto de equilibrio en valor monetario
Una academia online cobra $120 por curso, con un costo variable de $40 por estudiante. Tiene costos fijos mensuales de $12.000.

Paso 1: Calcular el margen de contribución unitario
MC = 120 – 40
MC = 80

Paso 2: Calcular margen porcentual
M% = 80 / 120
M% = 0,6667
M% =66,67%

Paso 3: Punto de equilibrio en moneda
PE$ = 12.000 / 0,6667
PE$ =18.000

Interpretación: La academia necesita facturar $18.000 por mes, equivalente a 150 cursos, para no tener pérdidas.
Reflexión: El punto de equilibrio es una herramienta esencial para:

- Definir metas de ventas
- Fijar precios adecuados
- Evaluar el impacto de cambios en costos o precios
- Tomar decisiones estratégicas con seguridad financiera

> **“No saber tu punto de equilibrio es como manejar con los ojos cerrados: puedes avanzar... pero no sabes cuándo vas a chocar”**

13.2.2.5. Evaluación de escenarios: optimista, pesimista, probable

La Evaluación de Escenarios es una técnica de análisis financiero que permite anticipar posibles resultados futuros bajo diferentes condiciones del entorno.

Consiste en proyectar los efectos que tendrán variaciones clave como precio, costos, ventas, inflación, tipo de cambio, sobre la rentabilidad o viabilidad de un proyecto.

Tiene como objetivo:

- Tomar decisiones informadas en entornos de incertidumbre
- Evaluar el riesgo y la sensibilidad de las variables clave
- Preparar planes de contingencia y estrategias flexibles

- **Tipos de escenarios:**

Escenario	Descripción
Optimista	Condiciones muy favorables: alta demanda, bajos costos, entorno positivo
Probable	Condiciones más realistas o esperadas: proyección base
Pesimista	Condiciones adversas: baja demanda, aumento de costos, crisis económica

Ejemplo: Lanzamiento de un nuevo producto

Una empresa desea lanzar un nuevo producto. El costo fijo mensual es de $15.000 y el costo variable unitario es de $25. El precio de venta puede variar según el escenario.

Paso 1: Definir escenarios

Escenario	Precio por unidad	Unidades estimadas
Optimista	**$50**	1.200
Probable	**$45**	1.000
Pesimista	**$40**	800

Paso 2: Calcular resultados para cada escenario

Fórmula general:

Beneficio neto = (Precio – Costo variable)·Unidades – Costos fijos

- Escenario Optimista

(50 – 25)·1.200 – 15.000 = 25·1.200 – 15.000 = 30.000–15.000 = **15.000**

- Escenario Probable

(45 – 25)·1.000 – 15.000 = 20·1.000 – 15.000 = 20.000 – 15.000 = **5.000**

- Escenario Pesimista

(40 – 25)·800 – 15.000 = 15·800 – 15.000 = 12.000 – 15.000 = –3.000

Comparación de resultados

Escenario	Ingreso total	Costo total	Utilidad / Pérdida
Optimista	**$60.000**	**$45.000**	$15.000
Probable	**$45.000**	**$40.000**	$5.000
Pesimista	**$32.000**	**$35.000**	–$3.000

Interpretación

- En el ***escenario optimista***, el proyecto es altamente rentable
- En el ***escenario probable***, hay una ganancia moderada

- En el ***escenario pesimista***, la empresa incurre en pérdida

Decisión sugerida: Ejecutar el proyecto, pero con un plan de contingencia para el caso pesimista, por ejemplo, reducir costos o ajustar producción.

- **Beneficios de la evaluación de escenarios**
  - Mejora la toma de decisiones bajo incertidumbre
  - Permite anticipar riesgos financieros
  - Ayuda a diseñar estrategias de mitigación y adaptación
  - Útil en presupuestos, inversiones, marketing y proyectos sociales

Reflexión: *"No podemos controlar el futuro, pero sí prepararnos para él. La evaluación de escenarios nos da una visión clara de lo que puede pasar, y cómo actuar ante cada situación."*

13.3. EMPRENDIMIENTO, MICROFINANZAS Y CRIPTOMONEDAS

En el contexto financiero actual, marcado por la transformación digital y la inclusión financiera, los emprendimientos, las microfinanzas y las criptomonedas representan tres fuerzas clave que están redefiniendo la economía global y local. Comprender sus fundamentos y aplicaciones permite tomar decisiones financieras inteligentes y sostenibles. Hoy, millones de personas usan la matemática financiera para iniciar o escalar sus negocios, acceder a microcréditos productivos o invertir digitalmente.

13.3.1. Emprendimiento: finanzas para crear y crecer

El emprendimiento es el proceso de crear una solución innovadora, producto o servicio que aporta valor al mercado. Todo emprendimiento necesita un modelo financiero sólido para prosperar.

Herramientas aplicadas:

- Cálculo del punto de equilibrio
- Flujo de caja proyectado
- Tasa interna de retorno (TIR)
- Presupuestos e inversiones iniciales
- Decisiones de financiamiento (créditos, socios, capital ángel)

Ejemplo: Lucía lanza una marca de cosméticos naturales. Necesita saber cuántas unidades debe vender para no tener pérdidas.

- Costos fijos mensuales: $3.000
- Precio de venta: $25
- Costo variable por unidad: $10

Cálculo del punto de equilibrio:

PE = 3.000 / (25–10)

PE = 3.000 / 15

PE = 200 unidades

- Lucía necesita vender 200 unidades al mes para cubrir sus costos. A partir de ahí, comienza a obtener beneficios.

13.3.2. Microfinanzas: Inclusión financiera real

Las microfinanzas son servicios financieros orientados a personas o pequeños negocios con bajos ingresos. Incluyen microcréditos, ahorro, seguros y educación financiera. Las microfinanzas permiten a personas de bajos recursos acceder a créditos pequeños para emprendimientos sostenibles.

Aplicaciones clave:

- Apoyo a emprendimientos rurales o informales

- Inclusión financiera de mujeres, migrantes y comunidades indígenas
- Reducción de pobreza mediante negocios autosostenibles
- Usan sistemas de amortización, tasas efectivas y plazos flexibles

Ejemplo: Un agricultor accede a un microcrédito de $1.200 para comprar semillas. Lo paga en 6 cuotas mensuales fijas a una tasa de interés del 2% efectivo mensual.

a.) ¿De qué valor le quedan las cuotas?

b.) Elaborar tabla de amortización del crédito

a.) Se halla el valor de las cuotas

VA = 1.200

n = 6

i = 2%

R = ?

$$R = 1.200 \cdot \frac{0.02(1+0.02)^6}{(1+0.02)^6 - 1}$$ R = 212,52

b.) Se elabora la tabla de amortización del crédito

Reflexión: El agricultor pagará $212,52 por 6 meses. Su producción aumentará y podrá reinvertir sus ganancias.

Mes	Cuota	Interés	Amortización	Saldo restante
0	0	0	0	1.200
1	213	24	189	1011
2	214	20	193	818
3	215	16	198	620
4	216	12	203	417
5	217	8	208	209
6	218	4	209	0

13.3.3. Criptomonedas: Activos digitales y nuevos modelos de inversión

La educación financiera también abarca nuevas tecnologías:

- Cálculo de rentabilidad en activos volátiles
- Comparación entre monedas estables y especulativas
- Riesgos y beneficios de invertir en Bitcoin, Ethereum o stablecoins. basados en tecnología blockchain[8]. Se utilizan para pagos, inversión, ahorro o transferencias internacionales.

Riesgos comunes:

- ► Alta volatilidad en precios
- ► Falta de regulación en algunos países
- ► Exposición a fraudes o estafas digitales

Ejemplo: Una persona invirtió $500 en Bitcoin a un precio de $25.000 por unidad. Semanas después, el precio sube a $30.000.

¿Cuál fue la rentabilidad obtenida?

Rentabilidad = [(30.000 – 25.000) / 25.000]·100
Rentabilidad = 20%
Respuesta: La persona obtuvo una rentabilidad del 20%

Se debe tener en cuenta que el precio del Bitcoin también podría bajar repentinamente. Se sugiere evaluar el perfil de riesgo antes de invertir.

---

[8] La tecnología blockchain, o cadena de bloques, es un sistema de registro digital descentralizado que permite almacenar información de manera segura, transparente e inalterable. Esta tecnología es la base de criptomonedas como Bitcoin o Ethereum, pero sus usos van mucho más allá del mundo financiero.

Tabla comparativa

Aspecto	Emprendimiento	Microfinanzas	Criptomonedas
Finalidad	Crear ingresos	Financiar inclusión	Inversión y digitalización
Riesgo	Medio	Bajo-medio	Alto
Accesibilidad	Requiere capital o crédito	Facilita acceso sin historial	Requiere conexión y Apps
Educación	Gestión y contabilidad	Finanzas básicas	Cripto y seguridad digital

Reflexión: Hoy más que nunca, los conceptos de matemática financiera son aplicables en negocios reales, proyectos sociales y mercados digitales. Entender cómo funciona un crédito, una proyección de ingresos o un activo virtual permite tomar decisiones más libres, informadas y responsables.

> **"El conocimiento financiero no solo te hace ganar dinero, te da libertad para construir tu propio camino."**

13.4. LA ÉTICA EN DECISIONES FINANCIERAS

La matemática financiera es una herramienta poderosa que permite evaluar, proyectar y tomar decisiones económicas con base en datos cuantificables. Sin embargo, detrás de cada fórmula, tasa de interés o evaluación de inversión, existe un componente humano fundamental: la ética.

Tomar decisiones financieras sin considerar su impacto ético puede derivar en consecuencias sociales, legales y reputacionales graves. En esta sección, exploraremos cómo los principios éticos se integran en el análisis financiero y por qué son esenciales para una práctica responsable y sostenible.

Pero ¿Qué es la Ética Financiera?: Es el conjunto de principios morales que deben guiar el comportamiento de las personas y organizaciones al tomar decisiones económicas.

Implica actuar con integridad, transparencia, justicia y responsabilidad, especialmente cuando esas decisiones afectan a terceros: clientes, empleados, inversionistas, proveedores o la sociedad en general.

13.4.1. Relación entre ética y matemática financiera

La matemática financiera permite calcular el valor del dinero en el tiempo, comparar alternativas de inversión, estructurar créditos o evaluar proyectos. Pero estas decisiones no ocurren en un vacío. Cada cálculo conlleva implicaciones éticas como:

- ¿Es justo el interés cobrado a un cliente?
- ¿Se está ocultando información clave en un contrato?
- ¿El proyecto maximiza la rentabilidad a costa del bienestar ambiental o laboral?
- ¿Las proyecciones presentadas al inversionista son realistas y veraces?

Integrar la ética a la matemática financiera no implica eliminar la búsqueda de beneficios, sino equilibrar la rentabilidad con la responsabilidad social y humana.

13.4.2. Principios éticos clave en decisiones financieras

- Transparencia:

Informar con claridad y precisión todas las condiciones financieras de un producto o inversión. Evitar cálculos engañosos, intereses ocultos o proyecciones manipuladas.

- **Responsabilidad:**

Comprender el impacto de las decisiones tomadas sobre el entorno. Por ejemplo, ofrecer préstamos con tasas abusivas a personas vulnerables es legal en algunos contextos, pero éticamente inaceptable.

- **Equidad:**

Garantizar condiciones justaspara todas las partes involucradas. Evitar aprovechamientos asimétricos basados en el desconocimiento técnico del otro.

- **Integridad:**

Actuar de manera coherente con los valores morales, incluso cuando no hay una sanción legal explícita. Esto incluye rechazar sobornos, manipulación de balances, o venta de productos financieros sabidamente riesgosos sin advertencia.

- **Sustentabilidad:**

Evaluar no sólo la rentabilidad financiera, sino también el impacto social y ambiental. Las decisiones responsables promueven el crecimiento económico sin comprometer generaciones futuras.

13.4.3. Casos comunes donde la ética financiera es clave

- **Créditos y préstamos:**

¿El cliente comprende el sistema de amortización? ¿El interés es razonable? ¿Hay cláusulas abusivas?

- **Inversiones y fondos:**

¿La rentabilidad ofrecida refleja la realidad del mercado? ¿Se informa con honestidad sobre los riesgos?

- **Presupuestos públicos o empresariales:**

¿Se asignan recursos de manera justa y eficiente? ¿Se priorizan beneficios sociales sobre intereses personales?

- **Evaluación de proyectos:**

¿La tasa de retorno justifica impactos ambientales negativos? ¿Se tienen en cuenta externalidades?

- **Asesoría financiera:**

¿Se orienta al cliente de forma objetiva o se priorizan comisiones? ¿El análisis parte del beneficio del asesor o del cliente?

13.4.4. Consecuencias de decisiones financieras no éticas

- Pérdida de confianza por parte de clientes, inversionistas o socios.
- Sanciones legales y regulatorias.
- Daño a la reputación personal o institucional.
- Fracaso de proyectos por falta de sostenibilidad o legitimidad.
- Crisis financieras de gran escala, como ocurrió en 2008 por malas prácticas bancarias. Analicemos este caso:

Crisis Financiera Global de 2008: Un caso de falta de ética en decisiones financieras (Financial Crisis Inquiry Commission (FCIC). (2011))

La crisis financiera global de 2008 es uno de los ejemplos más claros de cómo la falta de ética en decisiones financieras puede desencadenar un colapso económico a escala mundial. Fue una crisis compleja, pero se originó en gran medida por prácticas irresponsables en el sector financiero, especialmente en el mercado de hipotecas en Estados Unidos.

¿Qué ocurrió?
Durante los años previos a la crisis, las instituciones financieras estadounidenses comenzaron a otorgar hipotecas a personas con bajo perfil crediticio, conocidas como ***subprime***.

Estas hipotecas eran:

- Altamente riesgosas
- Ofrecidas con tasas de interés bajas al inicio, pero con aumentos posteriores (ajustables)
- Vendidas incluso a personas que no tenían capacidad real de pago

Para agravar la situación, estas hipotecas se empaquetaban y revendían en el mercado financiero como productos de inversión (CDOs – *Collateralized Debt Obligations*), aparentando ser activos seguros. Las agencias calificadoras les daban altas calificaciones (AAA), a pesar del altísimo riesgo real.

¿Dónde estuvo la falla ética?
Préstamos irresponsables: Los bancos priorizaron sus ganancias inmediatas sin considerar la capacidad real de pago de los prestatarios.

Transparencia engañosa: Los inversionistas compraban productos complejos sin comprender su verdadero nivel de riesgo.

Calificaciones manipuladas: Las agencias de rating actuaron en conflicto de intereses, otorgando buenas notas a productos tóxicos.

Falta de regulación y control: Los organismos supervisores no intervinieron a tiempo ni impusieron límites claros.

Consecuencias globales

- Quiebra de bancos icónicos como Lehman Brothers.
- Rescate financiero por parte de gobiernos a grandes instituciones, con dinero público.
- Desempleo masivo, pérdida de ahorros y caída de activos financieros.
- Crisis de confianza generalizada en el sistema bancario.
- Impacto duradero en la economía global durante más de una década.

Lecciones éticas aprendidas de la crisis de 2008

- La rentabilidad sin ética es insostenible.
- La falta de transparencia distorsiona el mercado.
- La mala gestión del riesgo financiero tiene efectos reales sobre millones de personas.
- La matemática financiera debe ser acompañada de responsabilidad profesional.

Reflexión: Como estudiante o profesional de matemática financiera, tu rol va más allá de dominar fórmulas o tasas de interés. Eres parte de un sistema que requiere decisiones justas, responsables y éticamente fundamentadas. La historia de 2008 nos muestra que una decisión mal tomada, sin valores, puede multiplicar errores en cadena y terminar afectando a toda una economía.

En el estudio de la matemática financiera aplicada, la ética no es un accesorio: es una base esencial para la toma de decisiones responsables.

Formar profesionales y ciudadanos capaces de analizar no sólo cuánto se gana, sino a qué costo y con qué impacto, es el camino hacia una economía más justa, sostenible y confiable.

CAPÍTULO 14

GLOSARIO DE TÉRMINOS FINANCIEROS

A

Amortización

Proceso mediante el cual se paga una deuda en cuotas periódicas, que incluyen capital e intereses.

Anualidad

Serie de pagos o cobros periódicos, iguales y consecutivos, realizados durante un plazo determinado.

Activo

Bien o derecho que posee una persona o empresa y que puede generar beneficios económicos.

B

Balance General

Estado financiero que muestra el total de activos, pasivos y patrimonio de una entidad en un momento específico.

Beneficio Neto

Ganancia total de una empresa después de deducir todos los costos, gastos e impuestos.

Bonos

Instrumentos de deuda emitidos por empresas o gobiernos para financiarse; representan una promesa de pago futuro con intereses.

C

Capital

Monto de dinero que se invierte o se utiliza como base para obtener rendimiento o financiar operaciones.

Capitalización

Proceso de convertir intereses u otros beneficios en capital, aumentando así el valor total acumulado.

Costo de Oportunidad

Valor del mejor uso alternativo al que se renuncia cuando se toma una decisión financiera.

Crédito

Contrato mediante el cual una entidad presta dinero a cambio de su devolución con intereses en un plazo acordado.

D

Déficit

Situación en la que los gastos superan a los ingresos en un periodo determinado.

Descuento

Reducción del valor nominal de un documento financiero (como una letra de cambio) cuando se paga antes de su vencimiento.

Diversificación

Estrategia financiera que consiste en distribuir las inversiones en diferentes activos para reducir el riesgo.

E

Estado de Resultados

Informe financiero que muestra los ingresos, gastos y el resultado neto (ganancia o pérdida) de una entidad en un periodo determinado.

Evaluación de Proyectos

Proceso de análisis financiero para determinar la viabilidad económica de una inversión o iniciativa.

Efecto Compuesto (Interés Compuesto)

Interés que se calcula sobre el capital inicial más los intereses acumulados previamente.

F

Flujo de Caja (Cash Flow)

Movimiento de entradas y salidas de dinero en un periodo; refleja la liquidez real de un negocio.

Fondo de Inversión

Instrumento financiero que agrupa el capital de varios inversionistas para comprar activos diversificados bajo gestión profesional.

Financiamiento

Obtención de recursos económicos para llevar a cabo un proyecto, cubrir necesidades operativas o realizar inversiones.

I

Inflación

Aumento sostenido y generalizado de los precios de bienes y servicios en una economía durante un periodo.

Interés

Costo del dinero en el tiempo; remuneración que recibe quien presta capital o paga quien lo recibe.

Inversión

Asignación de recursos con el fin de obtener un beneficio futuro.

L

Liquidez

Capacidad de una entidad o activo para convertirse rápidamente en efectivo sin pérdida significativa de valor.

Leasing (Arrendamiento Financiero)

Contrato mediante el cual se arrienda un bien con opción a compra al final del contrato.

N

NPV (Valor Presente Neto / VPN)

Indicador financiero que permite calcular el valor actual de una serie de flujos de caja futuros descontados a una tasa determinada.

P

Pasivo

Obligación financiera que debe ser pagada por una entidad (deuda).

Periodo de Capitalización

Frecuencia con la que se calculan y se añaden los intereses al capital (mensual, trimestral, anual, etc.).

Precio Futuro

Valor acordado hoy para una transacción que se realizará en una fecha futura determinada.

R

Riesgo

Posibilidad de que el rendimiento real de una inversión sea diferente al esperado, incluyendo la pérdida parcial o total del capital.

Rentabilidad

Capacidad de una inversión para generar beneficios respecto al capital invertido.

ROA (Return on Assets)

Indicador que mide la rentabilidad de una empresa en función de sus activos totales.

T

Tasa de Interés

Porcentaje que se aplica sobre un capital en un periodo determinado para calcular los intereses generados o pagados.

Tasa Interna de Retorno (TIR)

Tasa de descuento que iguala el valor presente de los flujos de caja futuros al valor de la inversión inicial.

Tipo de Cambio

Relación de valor entre dos monedas de diferentes países.

V

Valor Futuro (VF)

Monto que tendrá una inversión en el futuro considerando una tasa de interés y un plazo determinado.

Valor Presente (VP)

Valor actual de un monto que se recibirá o pagará en el futuro, descontado a una tasa específica.

ANEXO

CURSO COMPLETO DE MATEMÁTICA FINANCIERA PARA INVERSIONISTAS

CONCLUSIONES

La matemática financiera es mucho más que un conjunto de fórmulas: es una herramienta estratégica para tomar decisiones informadas, rentables y sostenibles. A lo largo de este e-book, hemos recorrido los fundamentos que permiten entender cómo el valor del dinero cambia en el tiempo, cómo se planifica un préstamo, una inversión, la evaluación financiera de un proyecto o una compra futura, y cómo se estructuran las decisiones financieras que impactan en la vida personal, profesional y empresarial.

Principales conclusiones:

1. El valor del dinero en el tiempo es el eje central de toda decisión financiera. Comprender conceptos como interés compuesto, capitalización y descuento permite proyectar escenarios realistas y evitar decisiones impulsivas o erróneas.
2. Las herramientas de análisis financiero son aplicables a todos los niveles. Ya sea un estudiante evaluando un crédito educativo, un emprendedor diseñando su flujo de caja, o una institución calculando amortizaciones o evaluando sus proyectos, la matemática financiera es universal y adaptable.
3. El uso de tecnología potencia el análisis. Excel, calculadoras financieras y algunos software permiten modelar y simular operaciones complejas con precisión y rapidez, facilitando la toma de decisiones en tiempo real.
4. Los sistemas de amortización son esenciales para entender el funcionamiento del crédito y la inversión. Saber interpretarlos no sólo mejora la cultura financiera, sino que también protege al usuario frente a costos ocultos o malas condiciones contractuales.

5. La práctica es tan importante como la teoría. A través de ejercicios resueltos paso a paso, este e-book ha demostrado que el conocimiento aplicado genera seguridad financiera y apoderamiento personal.

Hoy más que nunca, quien sabe analizar financieramente sus decisiones, lleva ventaja en un mundo cada vez más competitivo. Este e-book busca ser un puente entre el conocimiento técnico y la práctica cotidiana, con una visión clara: formar usuarios financieros más críticos, informados y preparados para el futuro.

► Sigue explorando, practicando y aplicando lo aprendido. Porque cada decisión económica bien tomada, empieza por un buen cálculo.

ACERCA DEL AUTOR

Roberto Martínez Castro, de Curumaní_Cesar_Colombia. Administrador Público de la Escuela Superior de Administración Pública, ESAP; especialista en Proyectos de Desarrollo, ESAP; especialista en Gerencia Logística, Escuela de Logística del Ejercito Nacional de Colombia, ESLOG; Magíster en Redes de Valor y Logística, Universidad Piloto de Colombia.

Docente universitario en las áreas de Estadística y Matemática Financiera en la Fundación Universitaria San Mateo, Bogotá; Coordinador Administrativo y Financiero en la Universidad Nacional de Colombia, Facultad de Medicina; Instructor y Coordinador Académico del Servicio Nacional de Aprendizaje_SENA, Bogotá; y miembro del Comité Paritario de Seguridad y Salud Ocupacional SENA, Regional Distrito Capital, Bogotá.

BIBLIOGRAFÍA

Arévalo, José. Apuntes de Matemática Financiera. Escuela Superior de Administración Pública _ ESAP (2000)

Baca Urbina, Guillermo. Matemáticas Financieras. Politécnico Grancolombiano. Bogotá, 1998

Baca Urbina, Guillermo. Ingeniería Económica. 2ª ed. Mc Graw – Hill, Bogotá 1999

Baca Urbina, G. (2020). *Evaluación de proyectos*. McGraw-Hill

Banco Mundial. (2023). *Educación financiera para todos: herramientas y programas para el desarrollo financiero inclusivo*. https://www.worldbank.org/es/topic/financialinclusion

Comisión Nacional del Mercado de Valores (España). (2022). *Guía de educación financiera y decisiones de inversión para jóvenes y adultos*. https://www.cnmv.es

Gitman, L. J. (2015). *Fundamentos de administración financiera*. Pearson Educación.

Gitman, L. J., & Zutter, C. J. (2020). *Principios de administración financiera* (14.ª ed.). Pearson Educación.

Rhyne, E., & Otero, M. (2006). *Las microfinanzas y la reducción de la pobreza: El caso de América Latina*. Inter-American Development Bank. https://publications.iadb.org/

Ross, S. A., Westerfield, R. W., & Jordan, B. D. (2014). *Fundamentos de finanzas corporativas*. McGraw-Hill.

Sapag Chain, N. (2013). *Preparación y evaluación de proyectos*. McGraw-Hill.

Tarquin, Anthony y Arhur Lebland. Ingeniería Económica. Mc Graw Hill, Bogotá, 1999 UNICEF & BID. (2021). *Educación financiera en América Latina y el Caribe: Una he-*

rramienta para el empoderamiento juvenil. Banco Interamericano de Desarrollo. https://www.iadb.org/es

Varela Villegas, Rodrigo. Evaluación Económica de Proyectos de Inversión. 6ª ed. Iberoamericana, Bogotá 1997.

Zubieta, J. (2020). *Ética financiera y responsabilidad social empresarial*. Fondo Editorial PUCP.

Financial Crisis Inquiry Commission (FCIC). (2011). *The Financial Crisis Inquiry Report*. U.S. Government Printing Office. Disponible en: https://www.govinfo.gov (Este informe oficial del Congreso de EE. UU. detalla las causas, responsabilidades y consecuencias de la crisis financiera global de 2008).

Made in the USA
Monee, IL
04 November 2026

67387576R00177